U0196138

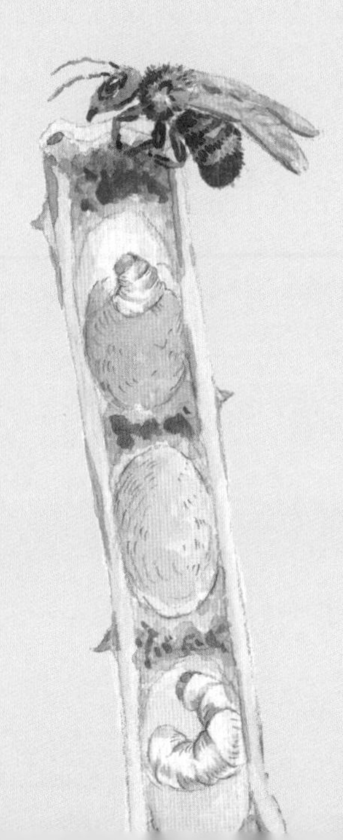

昆虫记 2

高智商的蜂类昆虫

[法] 法布尔 著

少年儿童出版社

图书在版编目（CIP）数据

高智商的蜂类昆虫 /（法）法布尔著；朱幼文改写；兔子洞插画工作室提特·桃绘. —上海：少年儿童出版社，2019.5

（昆虫记 2）

ISBN 978-7-5589-0280-2

Ⅰ.①高… Ⅱ.①法…②朱…③兔… Ⅲ.①昆虫—少儿读物 Ⅳ.①Q96-49

中国版本图书馆CIP数据核字（2017）第312120号

昆虫记 2

高智商的蜂类昆虫

[法] 法布尔 著 朱幼文 改写 兔子洞插画工作室提特·桃 绘

全书由兔子洞插画工作室和风格八号品牌设计有限公司设计

插画整理 吴新霞 颜学敏 许千珺 贺幼曦

装帧设计 花景勇 王骏茵 吴颖辉 吴 帆

排版设计 李文婷 许晓海 吴小奕 颜佳敏

责任编辑 王芸美 知识审读 金杏宝

责任校对 陶立新 技术编辑 许 辉

出版发行 少年儿童出版社

地址 200052 上海延安西路1538号

易文网 www.ewen.co 少儿网 www.jcph.com

电子邮件 postmaster@jcph.com

印刷 上海锦佳印刷有限公司

开本 787×1092 1/16 印张 9 字数 88千字

2019年5月第1版第1次印刷

ISBN 978-7-5589-0280-2/I·4236

定价 35.00元

序

身边的野趣，生命的奇迹

昆虫，不起眼的六足动物，大人孩子或不甚了解，却也并不陌生。

为植物传花授粉的蜜蜂，吐丝结茧的蚕蛾，多姿多彩的蝴蝶，给我们留下了甜蜜温暖的美好形象。带刺的毛虫，乱舞的苍蝇，是人们设法躲避的讨厌家伙。贪婪的飞蝗，传病的蚊子，则是人们竭力想要消灭的可恶对象。然而，不少人对昆虫的记忆多半是讨厌与害怕的，对昆虫往往采取藐视、忽视的态度。

事实是，即便将世界上所有可恶的害虫加在一起，也不会超过一万种，这对于种数超过百万、甚至千万的昆虫来说，只是不到1%的一小部分而已，而99%的昆虫对人类不仅无害，而且有益。它们或许不讨所有人的喜欢，却是适者生存的成功典范。虽然貌不惊人，却因虫多势众，在维持我们赖以生存的生态系统的运转中发挥了不可替代的作用。它们是不容忽视的生命。

昆虫种类多，数量大，食性杂——荤素生熟、酸甜苦辣，几乎没有昆虫不吃的东西。除了大海，它们可以存活在任何极端恶劣的环境之中，可谓是无处不在。昆虫世代短，繁殖快，体态多变，可以抵御各种不利的气候，白昼黑夜，春夏秋冬，昆虫几乎无时不在。昆虫如此弱小，要在环境险恶、强敌林立的自然中生存实属不易，因此，能生存至今的昆虫，都有一套独特的生存策略与技能，在获取食物、筑巢卫家、资源利用、繁

衍后代、防御天敌等方面，都展现出了令人叫绝的才能。无论是遗传的本能，还是后天获得的技能，都是可歌可泣的生命奇迹，是值得我们去探索、去了解的自然遗产，也是可供我们欣赏的自然野趣。

在物质生活日渐丰富、自然环境日渐恶化的今天，人们最为关注的莫过于如何为我们下一代的健康成长提供良好的生存环境。孩子的想象力和创造力得到合理的开发，社会的可持续发展才得以保障。无论生活在城市还是乡村的孩子，他们对工业产品的依赖，对电子产品的热衷，对自然的冷漠，对生命的不敬，已经产生了许多负面影响，如何有效治愈“自然缺失症”已成了当代教育面临的重要课题。这不仅是学校和博物馆等场所的责任，更是家长和每个家庭的义务。通过寻觅和发现城市中残存或复苏的自然，利用和享受身边的野趣，可以弥补现代孩子，乃至年轻家长与自然脱节的遗憾。

法国昆虫学家法布尔耗尽毕生精力撰写的十卷本《昆虫记》正是引领我们走进自然、欣赏野性之美的昆虫史诗。不胜枚举的昆虫生存之道与技能，经过作者独特的哲学思考与诗意表达，将科学观察与人生感悟融为一体，使渺小的昆虫散发出生命的智慧与人性的光芒。

经少年儿童出版社精选、改编的四卷本《昆虫记》，是为小学生加

入了“自然”这道久违的配料，赋予城市中的孩子和家长全新的“心灵味觉”体验，成为他们不可或缺的“特别营养餐”。选本基本保持了原著特有的写作风格，生动活泼，又不失情趣与诗意。同时，考虑到特定的读者群体，编者按一定的主题，对所选篇章作了大致的归类。从中，你将发现人类的一些废弃地，却是野趣横生的蜂类家族的伊甸园，大自然的清洁工——食粪虫，只是妙不可言的甲虫王国的一小部分，你将发现在我们的周围，昆虫邻居无处不在，膜翅类昆虫出奇的高智商实在令人惊叹，你还将了解到昆虫的近亲蜘蛛、蝎子类的生存技能与特有习性……

值得点赞的是，编者独具匠心，按四季的顺序，在每卷的“我们身边的昆虫世界”栏目中，列举了中国城乡常见的昆虫，为家长和孩子们提供了具有可操作性的观察与欣赏案例。

愿春天里会飞的“花朵”，为我们的日子增添色彩，愿夏日里的“萤火”驱散城市的雾霾，愿秋天的旋律给孩子们带来自然的滋养，愿再寒冷的冬天里也能发现蛰伏的生命，也能获取向上的力量。

昆虫学者：金杏宝

目 录

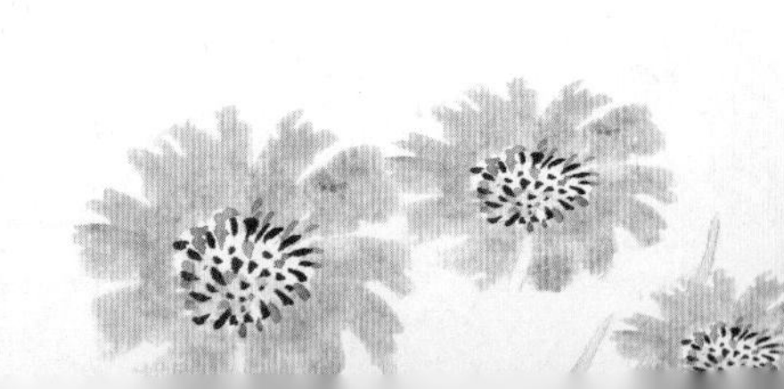

荒石园——蜂类家族的伊甸园

多年来，我一直梦想有一块属于自己的土地，面积不用太大，也不需要什么肥沃的土质，只需要一堵围墙，把它和外面的公路隔开，让我能够安心研究昆虫就可以了。

但是，过去几十年里，当一个人每天还要为生计发愁时，即使想拥有一片荒芜土地的愿望，也显得太奢侈了。我执着于昆虫研究四十年，如今即将暮年了，才终于有机会实现多年的愿望。

那是在一个荒僻的小村庄里，有一块遍布卵石、长满杂草的荒地，贫瘠的土质即使人们再下功夫也没法改善，所以没人对它感兴趣。但这正是我需要的。那里生长着大片的狗牙草，这种草即使你年年跟它“战斗”，也没法在三年里根除；数量仅次于狗牙草的是矢车菊，它们浑身是刺，一丛丛倔强地挺立着；而模样最丑的植物是西班牙刺柊，它们的枝条张牙舞爪地

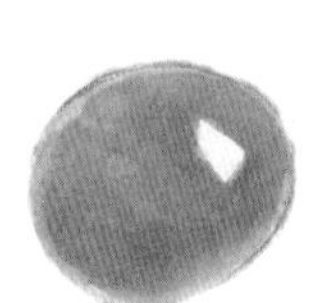

伸展着，就像巨型烛台，上面生出一根根坚硬的刺茎……

这片荒地上的野生植物还有很多，它就是我梦想中的伊甸园。我在其他地方，从来没有同时见到过这么多昆虫，尤其对于各种各样的蜂类来说，这样的地方简直就是天堂！

瞧，我没说错吧。看这只飞来飞去的是什么？是黄斑蜂，它正在矢车菊上堆自己的“棉花球”，为产卵做准备；那些乱哄哄抢夺食物的又是谁？原来是切叶蜂，它肚子下面那黑色、白色或红色的花粉刷再明显不过了；那边猛然起飞、嗡嗡乱叫的是砂泥蜂；哎哟，忽然向我飞过

来的，是壁蜂；大头泥蜂和长须蜂也来了，毛足蜂、土蜂、隧蜂，都没有缺席啊！

记得有一次，我把新发现的昆虫送给佩雷教授。教授惊讶地问我有什么捕捉昆虫的方法，可以捉到这么多罕见甚至是从未看到过的品种？我只能说，其实我捉昆虫并没有什么特殊的方法，因为它们就生活在我的周围，在那茂密的矢车菊和其他植物上，我得到它们并没有费什么力气。

即使离开了植物丛，你也会有惊喜的发现。在荒石园里，泥水匠为了垒墙，弄了一些沙土和石头，后来因为工期迟迟未完，便一直堆在这里。这些石头的缝隙间，便成了石蜂安家的好地方，它们穿着一身黑丝绒外套，在石头和水泥上忙碌着。

就是因为这片荒石园对农夫们来说毫无利用价值，所以人

们把它连同房子一起抛弃了。于是，各种动物纷纷赶来，其中最大胆的还是膜翅目的小家伙们（蜂类），后来它们连我住的地方都想霸占！

如果你不相信，请仔细看：白边飞蝗泥蜂自作主张，在我家门槛前筑好了窝。过去的25年里，我一直没有机会见到它们，而现在我每次进门都要万分小心，生怕把它们辛苦建造的窝给碰坏了，或者踩死几只正在工作的小家伙。

记得我刚知道这种昆虫时，为了见到它们，我要在8月的烈日下走几公里路，谁能想到我们现在居然成了亲密的邻居！

还有一只黑胡蜂，把自己的家安在了我们的屏风下面；胡蜂和长脚胡蜂还不时光顾我家的饭桌，代我们“检查”一下葡萄是不是熟透了……

这儿的昆虫既多又全，给我的生活带来了多少乐趣啊！它们在这里毗邻而居，捕猎，采蜜，筑巢，我无比乐意它们将这里当作伊甸园。有了这些宝贵的财富，我别无所求，就算离开城市整日呆在这偏远的乡村，又有什么关系呢？

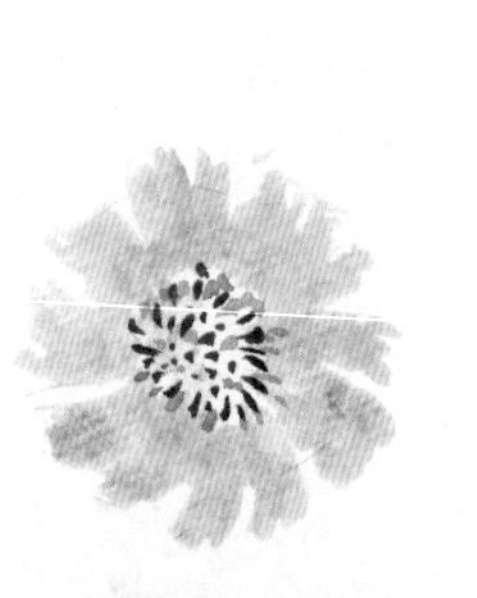

野地里的建筑师

我探寻昆虫世界的秘密很多年了，其间有许多令人难忘的事情。尽管如此，年轻时的一件事至今让我记忆犹新，大家就容我絮叨几句吧。那时我 18 岁，刚从沃克吕兹师范学校毕业，被安排到卡班特拉去教中学的附小。想到自己即将开始教师生涯，年轻的我带着毕业证书和满腔热情，兴冲冲地赴任了。

没想到，我任教的小学令人大失所望，校舍潮湿阴暗，装着监狱里那种铁窗，教室里连张像样的课桌都没有。早上，随着上课钟声响起，大约五十来个孩子一窝蜂地来了。他们年纪不一，挤在一起闹成一团，看样子不像是来学习的，而是准备戏弄戏弄我这个新来的年轻老师。

不过，经过一段时间的了解，我发现孩子们之所以不认真学习，其实事出有因。就拿我们所谓的“物理课”来说吧，居然是由一位牧师任教的。记得他在上一堂关于“晴雨表”的课

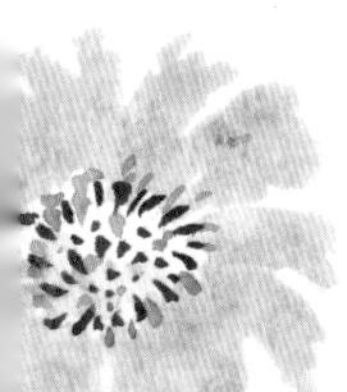

时，废话连篇地说：“晴雨表是告诉我们天气晴还是天气阴的，它的玻璃管里装着水银，水银柱会根据温度变化上升或下降，那根长的管子是开着的还是闭着的……嗯，我有点忘了，巴斯蒂安，你个子最高，去看看。”

顽皮的巴斯蒂安爬到椅子上，胡乱看了看，怪腔怪调地说：“管子上面是开着的。”下面的学生被巴斯蒂安逗得几乎笑出声来，牧师却像什么都没发生，装模作样地让学生在本子上写好“晴雨表的长管是开着的”，还说什么不写下来会忘记等等。

看到上面的“物理课”情景，大家是不是觉得太荒唐、太误人子弟？反正我是这么认为的。

凭着一股年轻气盛的精神，我希望能改变这一切。我先找来一些桌子，让孩子们不用再在膝盖上写字，然后每天想出各种办法，尽量把自己的课上得生动精彩。功夫不负有心人，我任教的班级学生越来越多，最后只能分成两个班，乱哄哄的样子也不见了。

大家千万别以为我是个爱吹嘘的家伙。我的确是很认真的，为了上好几何课，我自掏腰包买来标杆、卡片、直角器等教具，然后带着孩子们到野外实地测量，他们个个都兴致高昂。

记得5月的一天，我们来到了田野上。我让一个孩子去插标杆，可是这个孩子走走停停，不时地弯下腰，似乎在找什么东西。我走过去一看，立刻明白了，这些在田野中长大的孩子，知道在这个季节，大自然给他们提供了一道天然美味——蜂蜜！我派出去的孩子找到一个个蜂窝，用麦秆伸进蜂房，把里面的蜂蜜粘出来，全都偷吃掉了。

我也好奇地尝了尝，嗯，味道不错！我索性把几何课改成了自然课。我当时刚读过一本《节肢动物博物学》，做个昆虫学家的念头已经在我心中悄悄地萌芽了。可是我的学生们只教会了我如何“偷吃”

蜂蜜，其他的他们就一无所知了，我希望通过亲自观察了解更多。

我和孩子们曾经在野地里发现过一些大黑蜂，它们是石蜂的一种，翅膀呈深紫色，身上穿着黑色的丝绒外衣，在5月阳光灿烂的百里香花丛中，它们开心地飞舞着，想找一个适合安家的地方。石蜂筑窝有的喜欢在石头上，有的喜欢在墙上、瓦片下，总之最重要的就是基座必须稳固。如果基座不牢，将来所有的工作都会付诸东流。比方说，石蜂绝不会把窝筑在泥灰墙上，因为泥灰时间一长会脱落，那样蜂房就要掉下来了。

飞呀飞，我在田野中偶遇的一只黑色石蜂，终于找到了一块干燥的卵石，它要在这里造窝了。石蜂造房子使用的材料，和我们人类用的石子、混凝土等非常相似——它们找来石灰质的黏土，在里面加一点沙子，然后吐出口水把它们混合成砂浆，就成了最棒的“混凝土”。聪明的石蜂不会选择那种新鲜的泥土，因为用这种土造的窝牢度不够。

为了让蜂窝更坚固，石蜂还会挑选一些不规则的砾石，一层层“砌”上去，有2~3厘米高。小小的蜂窝外表看起来粗糙，但里面却很舒适，石蜂会涂上一层纯浆的泥灰，以免幼虫娇嫩的皮肤受到伤害。作为小小的昆虫，石蜂能做到这样，已经非常令人佩服啦！

筑窝是一件很辛苦的工作，所以如果能找到没有受到严重损坏的旧窝，许多石蜂还是很乐意修缮后继续使用的，尤其是一种叫高墙石蜂的，更加“恋旧”。在观察的过程中，我突然冒出一个好玩的想法：石蜂一次会产许多卵，孵化出许多孩子，如果这些孩子都找到自己的“老家”，想在这里继续生活下去，那该怎么办呢？我们人类有的习惯把“祖业”留给长子，有的是根据遗嘱来分配财产，石蜂是怎么做的呢？

其实很简单，石蜂遵循的是“先到先得”原则。谁第一个发现并占领了“老巢”，其他石蜂就没机会了，虽然一个蜂窝里有许多蜂房，但先到者全都要据为己有。它一边劳作，一边严密注视周围的动静，决不允许后来者和自己争抢。如果有不识趣的家伙要硬来，先到者就会异常生气，嗡嗡地发出强烈抗议，摆出一副誓死不让的架势。也许后来者自知理亏吧，所以显得有些心虚，没几个回合就被先到的石蜂打败赶走了。

把家安好以后，石蜂接下来就会储备食物、产卵。把卵产

在蜂房里以后，石蜂的工作就剩最后一步了——封闭蜂房。要知道蜂卵非常娇嫩，经不得一点意外，而蜂窝的墙壁只有区区2毫米的厚度，要经历夏日的暴晒、秋雨的浸润和冬日严寒的考验，怎么能抵抗得住呢？聪明的石蜂知道这一点，所以它们在筑窝完成以后，还会在整个蜂窝的外面，用唾液混合泥土调制出的灰浆，一小团一小团地铺上一层涂层，做成一个防潮防热又防寒的罩子，妥妥当当地把宝宝们保护起来。如果你不是内行人，看到这样一团东西，根本想不到里面是一个蜂窝，还以为是个普通的泥团呢！

如果你有闲暇，不妨去野地里看看，说不定也能找到这样几个奇妙的小泥团哦！

不会迷失的回家路

刚从师范学校毕业时，我曾在小学任教。那时为了买《节肢动物博物学》这本书，我节衣缩食了很久，因为那本书实在太贵了！对于我这个年薪700法郎（其实已经算是不错的收入了）的年轻人来说，真是一笔巨大的开支。

尽管如此，我还是觉得非常值得。拿到书后，我迫不及待地一口气读完，从中知道了许多昆虫的生活习性。那些图文并茂的内容直到现在我都记忆犹新，包括后来我在田野中认识的新朋友——石蜂，它们让我十分着迷。

在我的家乡，生活着两种石蜂，一种叫高墙石蜂，另一种叫西西里石蜂。从它们的名字你大概能猜出它们的一些生活特性吧。

这两种石蜂的外表不太一样。高墙石蜂的雌性和雄性都长着深紫色的翅膀，只是身体颜色差异很大，雌蜂身穿黑色的“丝绒外衣”，而雄蜂却穿着鲜艳的铁锈红外衣。不熟悉昆虫的人乍一看，会以为这些出入同一个蜂窝的小家伙，是两种不同的昆虫呢！西西里石蜂的体型比高墙石蜂小许多，雌蜂和雄蜂翅膀末端都有淡淡的紫色，身体颜色也很接近，只是混杂了一些不同的棕色、深红色和灰色。

这两种石蜂不但外形看起来有区别，性格也颇不一样！西西里石蜂喜欢成群地聚集在一起,我观察到最多能达到几千只。但这些石蜂并不是一家人，它们只不过是比邻而居凑个热闹罢了。你仔细观察它们筑窝时的表现，就会发现它们各干各的，毫无秩序，嗡嗡嗡嗡的声音响成一片。如果哪只石蜂的行动影响了邻居，邻居就会大声提醒它注意。

和西西里石蜂那边热闹非凡的场景相反，高墙石蜂更愿意做“独行侠”。我观察了很久，最多的一次也就发现不到 10 只在一起。

之前我说过，当石蜂筑窝完成后，它们就开始四处辛勤地采蜜，然后带着一蜜囊蜜汁和满满的一身花粉飞回来，一趟又一趟。也许有读者会替这些小精灵担心：它们万一飞远了，会不会迷路呢？说实话，我也很好奇。我知道对这个问题，有人曾经做过一个实验，用镊子轻轻夹住一只石蜂，把它放到离窝很远的一个房间里，结果等那人回到蜂窝边时，之前被他“挟持”的石蜂几乎同时到家了。

我想，这个实验结果对石蜂家族来说，是偶然还是必然的呢？石蜂认路的本领究竟有多厉害？我要亲自用更多更严谨的实验来进一步证明。

首先，我选择了身边触手可得的高墙石蜂。为了保证石蜂不受伤害，我捕捉它们时没有粗暴地用镊子，而是趁它们在窝里埋头干活时，用一个玻璃试管罩住了它们。于是，两只高墙石蜂飞进了我的试管里，我把它们分别放进两个纸杯，盖上盖子，放在铁盒中运往奥朗日的家里。

目的地到了，这是我选中的距离石蜂的家 4 千米远的陌生地方。对于小小的石蜂来说，这个距离已经算是非常遥远了。接下来我要做一件更困难的事——给这些石蜂做记号。想想看，如果我不做记号，面对生活在同一个窝里模样相似的石蜂，怎么能区分出哪只是被我放飞的呢？做记号的具体过程这里我就不说了，总之我在尽量不伤害这些小家伙

的情况下，在它们胸部的正中涂了一个小小的白点。

带着好奇和猜测，我放飞了这两只石蜂。

第二天一大早，我急忙赶到捉石蜂的那个蜂窝处，有一只石蜂正在忙碌着，不过它不是我放飞的。这只石蜂一定以为这是无主的空巢，所以留了下来。可是没过多久，我期待

中的房主飞回来了。它不但没有迷路，还一路采蜜，带着满满的蜜汁和花粉归来了。两只石蜂为了争夺房产，发生了一些争斗，但是结果很容易猜出来，后来的石蜂自知理亏，悻悻地离开了。

很遗憾，第二只石蜂没有返回。原因不明。

我进行了第二次实验，这次增加到5只石蜂。后来有3只回来了，两只不知所终。为什么有的石蜂能回来，有的不能呢？是它们认路的能力有高低吗？我仔细回想实验过程，突然想起，有几只石蜂在离开我的掌心时，一下就冲上了天空，有几只却跌跌撞撞掉进了草丛中。也许我在给它们做记号时，虽然已经很小心了，但还是伤害到了其中的几只，使得它们无法完成远距离飞行。

为了证明我的推测，我开始了第三次实验。这次我决定改用西西里石蜂。蜂窝找到了，我一次就捉了40只。在做好记号放飞时，我仔细留神，果然发现其中有20只起飞有力，而剩下的20只却掉在了草丛中，即使我用麦秆去驱赶它们，它们挣扎一番后还是无法飞起来。

那些成功起飞的石蜂刚开始显得有些慌乱，没头没脑地朝着不同的方向飞去。这很正常，谁在突然遭到“劫持”、“纹身”后能不紧张呢？但是那些飞错方向的石蜂很快意识到了错误，它们迅速掉头朝蜂窝的方向飞去。

非常不巧，就在我放飞这些西西里石蜂后不久，闷热的天气忽然狂风大作，一时昏天黑地。这么恶劣的条件下，那些石蜂的结局会怎样呢？事实证明我的担心是多余的，20只顺利起飞的石蜂中，有15只陆续飞了回来，接着大雨就倾泻而下，我无法得知剩下5只的情况了。

现在，我几乎可以肯定地说，这些在我家草料棚顶筑窝的石蜂，虽然平日里几乎不用远行——墙脚的小路上有上好的筑窝材料，房屋周围到处是鲜花盛开的草地，可是遇到“意外”后，它们仍然能够找到回家的路。

本来实验至此，关于石蜂回家的问题可以得出结论了。但是后来尊敬的英国博物学家达尔文给我写了一封信，他建议我在放飞石蜂前，把它们装在一个有旋转轴的圆盒里旋转，说不定这样就能破坏石蜂的方位感，让它们找不到路。达尔文原本想用鸽子来做这个实验，但被其他事耽搁了。我遵照这个方法用石蜂做了实验，发现它们依然能够找到回家的路。由此可见，石蜂一定具有某种神秘的能力，只是我们还无法知晓罢了。

做完实验，我多么想把这个结果写信告诉尊敬的大师达尔文，但是非常不幸，他与世长辞了，这成为我心里永远的遗憾。

饱受欺凌的石蜂

之前我们介绍过石蜂，讲述它如何筑巢，如何采蜜，如何从很远的地方找到回家的路……的确，石蜂很能干，但你也许想不到，这么能干的石蜂，它的一生竟然会遭遇种种不幸。

就拿在卵石上筑窝的卵石石蜂来说，它筑窝的过程真是不辞辛劳。为了把家造得坚固，卵石石蜂只去土质最干最硬的地方收集建材。要完成一个窝，它得上百次地往返，多么辛苦啊。

结实而满意的窝造好后，卵石石蜂开始外出采蜜和花粉。鲜花上嫩嫩的花蕊是它最喜欢的采集地点。每采一次蜜，它都要飞大约半公里的路程。在短短的五六个星期的生命周期中，石蜂天天劳作，无怨无悔，完成自己的使命后，便找个隐蔽的地方独自休息，然后悄然死去。

虽然献出了生命，但这时的石蜂是带着满足离开的，它觉得自己完美地安排了一切，孩子们有了坚固的能防风遮雪的家，家里备有充足的食物，甚至还有能防止敌人入侵的城墙。但是，石蜂无论如何也想不到，命运比它想象的残酷多了！它的孩子将会遭到侵略者无情的对待！

细细数一数，能对石蜂的孩子造成伤害的昆虫，居然多达十几种！这些昆虫各有各的手段，石蜂拥有的一切，它们都要想方设法攫取。

首先是暗蜂和束带双齿蜂，它们是偷粮食的贼。暗蜂挖开石蜂蜂巢，把自己的卵产在里面，一次2~12个。石蜂家里十分宽敞，开始暗蜂的幼虫还和石蜂的孩子一起进食，但是渐渐地，食物不够了，此时石蜂幼虫才长到四分之一大小，只能挨饿而死；而暗蜂的幼虫已经吃饱喝足开始结茧了。

束带双齿蜂是这样行动的：它看似随意地徘徊在棚檐石蜂或者卵石石蜂的家门口。众多石蜂对它毫无防范之心，顶多当双齿蜂挨得太近时，把它赶开一点。双齿蜂看似在参观工地，实则在寻找主人不在的蜂房。一旦发现，它就连忙钻进去，出来时嘴里就填满了蜜。出于好奇，我在双齿蜂离开后，查看了其中的一个蜂房。食物表面看不出任何异常，但是如果扒开食物，一切就暴露了——双

齿蜂的卵藏在石蜂准备的食物里！

狡猾的双齿蜂知道石蜂有洁癖，如果把卵产在食物的表面，石蜂回来看到了，准会把卵扔掉。所以双齿蜂把卵埋在花粉堆里，这样一来，石蜂被蒙骗了，它放心地在蜂房里产下自己的卵，然后封好大门离开了。

最后的结局不用说也能知道，我多次打开被双齿蜂光顾过的石蜂蜂房，从来没见过主人的孩子，里面只有一只束带双齿蜂的幼虫。

其实，双齿蜂完全没必要赶尽杀绝啊！因为石蜂蜂房里的食物非常充裕，双齿蜂的幼虫最多只能吃掉三分之一到一半！它们完全可以和主人的孩子一起长大嘛……唉，应该再给双齿蜂罗列一条罪名：浪费粮食！

当石蜂的幼虫孵化出来以后，还会遭遇新的危险。下面就来说几种攻击石蜂幼虫的坏蛋：卵蜂虻、褶翅小蜂和佩剑蜂。当石蜂的幼虫在蜂房里长得胖乎乎的，并完成结茧后，它就躺在茧里，准备美美地睡一觉，等待破茧而出的日子。谁知，这时候坏蛋来了，它们钻进蜂房，把石蜂幼虫变成了自己的口中食。

卵被残害、幼虫被吃掉已经够惨了，但是这一切还没完，石蜂的遭遇仍在继续，一些虎视眈眈的强盗还要找机会霸占石蜂的家！

当石蜂建造蜂巢时，强盗们惧怕石蜂的力量，不敢上来招惹。但是当石蜂建好蜂巢以后，不劳而获的家伙们来了，比如青壁蜂和切叶蜂。这两种蜂的体型很小，一个石蜂的蜂房被它们占领后，会被隔成 5~8 间。

被夺去蜂巢的石蜂似乎没什么应对办法。卵石石蜂连声抗议也没有，默默地走开了，重新寻找地方筑窝，就像是安心接受了命运的安排；棚檐石蜂更是“大度”，它居然和抢占者和平共处，形成了混杂生活的蜂群。

尽管石蜂的建筑十分坚固，但是经历长时间的风吹雨打，再加上支撑蜂巢的底座渐渐发生腐蚀、松动，所以蜂巢最终会变成一片废墟。这时在蜂房里，还有残留的食物，以及一些孵化完成的石蜂幼虫，这些幼虫无法钻破蜂房，最后全都干死在里面。于是，总是围着残垣断壁转的家伙们来了，喇叭虫、蛛甲、圆皮蠹……它们很喜欢蜂房里的残留物。

我曾经统计过石蜂被欺凌的证据：瓦片上的石蜂家里，束带双齿蜂和石蜂的数量几乎一样多——双齿蜂这个寄生虫把原来的居民消灭了一半！在另一个石蜂家里，共有 9 间蜂房，其中 3 间被卵蜂虻侵入了，2 间被褶翅小蜂打劫过，2 间被暗蜂夺走了，1间被俾格米蜂占领，只有最中间的那个房间还是石蜂的。

看到这里，是不是心里很为石蜂难过？那我就在最后来说一种灌木石蜂吧。它把自己的家建在石榴树的树枝上，蜂巢厚度大约和核桃壳差不多。这种蜂巢的根基不太牢，冬天一旦有大风，就可能吹断树枝。但正因为如此，打灌木石蜂家主意的坏家伙明显减少。我打开过一个灌木石蜂的蜂巢，里面有8间蜂房，其中7间住的都是主人，只有第八间被一个外来的小蜂占据了。

看似不理想的选择，却给灌木石蜂带来了难得的幸运！读到这里，你的心情有没有好一些呢？

毛虫猎手砂泥蜂

看到“砂泥蜂”这个名字，你是不是会产生联想：这肯定是一种喜欢住在沙地里的蜂类，不然怎么会叫这个名字呢？对不起，你错了。让我代表砂泥蜂，来澄清一下事实吧。其实，那种干燥、颗粒状、缓缓流动的沙子，绝对不是砂泥蜂喜欢的。生活在那种沙地上的，是以苍蝇为食的“泥蜂”，听名字倒和砂泥蜂很相似呢。不过千万别搞错！砂泥蜂建造的家都是像井一样垂直的洞，所以必须选择在那些既坚硬结实又土质疏松的地方，纯沙环境根本行不通。

砂泥蜂有四种，毛刺砂泥蜂、沙地砂泥蜂、银色砂泥蜂和柔丝砂泥蜂。它们模样相似，都是修长的身段，腹部末端细细的像一根绳子，穿着黑衣，肚子上还有一块装饰性的红色披巾，体态轻盈曼妙。

这几种砂泥蜂一般都是独自生活，最多三三两两地聚在一起，不太会成群结队（特殊原因的聚集除外）。这些以花朵的蜜汁为食的砂泥蜂成虫，为宝宝准备的食物则是蛾的幼虫。根据我的观察，那些幼虫什么颜色和模样的都有，可见只要是夜蛾一类的就行，砂泥蜂并不挑剔。柔丝砂泥蜂挖好地穴以后，给每个宝宝放 5 条幼虫，而其他三种砂泥蜂只给宝宝放一条。不过这一条准是个大块头，绝对够宝宝美美地吃到长大。

在关于砂泥蜂的故事里，我最感兴趣的是它们猎捕幼虫的方式，要知道夜蛾幼虫与吉丁、象虫、蝗虫、距螽等有很大的差异，象虫和吉丁的神经比较集中，只要对准一个地方刺一下，就能立刻让猎物全身麻醉，但夜蛾幼虫的身体由一系列相似的体节组成，神经节分布在每个体节上，各自独立，很不容易被控制呢！就拿夜蛾幼虫来说，身体有十二个体节，也就是说有同样数量、彼此分离的神经节，即使一个神经节被麻痹了，其他

地方还能照样活动。砂泥蜂面对这种复杂情况，有什么独门绝招呢？

经过一年又一年的等待，机会终于来了，我亲眼看到了砂泥蜂猎捕幼虫。虽然它的动作十分迅速，但我很清楚地看到，它只刺了一次，位置就在幼虫身体的第五或第六体节上。为了验证这个观察结果，我做了一个“掠夺者”，把那条幼虫从砂泥蜂口中抢了过来。

如何确定砂泥蜂的针刺位置呢？如果你想用放大镜在幼虫身上找到针孔，那简直是异想天开。不过这倒难不住我，我采取的办法是向砂泥蜂学的——用一根针的针尖，一个体节一个体节地扎过去，看幼虫有什么反应。果然，当针尖刺进第五或者第六体节时，幼虫完全没有知觉，可见这里是被麻醉最深的部位，而用针刺到离第五、第六体节越远的地方，幼虫的疼痛反应就越大，尾端那节我只要稍稍碰到，幼虫就开始拼命扭动了。

那么幼虫没有被“全身麻醉”，会不会对砂泥蜂宝宝造成伤害呢？不用担心，首先这种幼虫体型不大，而且砂泥蜂总是把卵产在最安全的第五或第六体节上。当砂泥蜂宝宝出生后，先在这里吃喝，然后一天天长大，当它们逐渐吃到其他部位时，即使幼虫有一些反应，也无法对宝宝造成伤害了，宝宝有了力气，具备了向垂死挣扎的幼虫发起进攻的能力。

科学最需要严谨，虽然我已经有了一次亲眼所见、十分明确的实验结果，但它具有普遍性和延伸性吗？所有的砂泥蜂面

对幼虫，都是只在第五或第六体节处扎一针吗？我还是有些怀疑——在毛刺砂泥蜂的猎物中，有的幼虫体重可以达到砂泥蜂的15倍，如果也这么简单处理，到时候砂泥蜂宝宝和这条幼虫巨龙共处一室时，实在太危险了，幼虫一个轻微的抖动，也许就会让宝宝粉身碎骨！

既然怀疑无法消除，我多么希望再次获得新的观察机会。说来真幸运，当我和一个朋友为了研究圣甲虫，在给它设陷阱时，意外发现了一只毛刺砂泥蜂。它正在一株百里香的根部忙碌着。我们赶紧在旁边趴下来，目不转睛地盯着这个小家伙。太好了，毛刺砂泥蜂对我们的加入一点也不在意，它甚至还在我的衣袖上休息了一会儿，然后才继续工作。

它把百里香一些细细的侧根拔出来，接着小脑袋使劲儿往土里钻。从它的动作来看，肯定不是在挖洞安家，倒像是在追踪什么猎物。我想，这有点像人类在追赶猎物时，爱用各种虚张声势的吓唬手段，把猎物从草丛或树林间赶出来一样。

果然，土壤中一条肥大的黄地老虎幼虫被弄得不得安宁，终于傻头傻脑地拱了出来。这下它惨了，只见毛刺砂泥蜂迅速扑上去，抓住幼虫的后颈，无论幼虫怎么挣扎都不放手。接着它坐在幼虫身上，翘起腹部，动作敏捷而准确地在幼虫腹面，用针从第一节到最后一节，挨个儿刺了一遍。很快，这条幼虫彻底不能动了。

由此看来，砂泥蜂对待不同的幼虫猎物，实施了不同程度的“麻醉”。砂泥蜂既不乏勇敢，也不缺细心，为了下一代的健康成长，它们已经竭尽所能做到最好了。

想想过去在观察中遭受的种种困苦，再看看这次如此轻松就能意外得到收获，实在是太难得了。毛刺砂泥蜂对幼虫神经器官的精准了解，让我无比叹服。虽然它也许只是在本能的驱使下做了这些，丝毫不知道自己的行为有多棒，但我还是被其中闪烁的智慧之光深深打动了。

毛刺砂泥蜂的神奇能力

温暖的5月到了，风和日丽，气候宜人，在荒石园的小路上，我又看到了熟悉的毛刺砂泥蜂，它们在阳光下惬意地飞来飞去，筑窝，捕食，充满了生命的忙碌和喜悦。

我的视线紧紧跟随着一只毛刺砂泥蜂，我知道它要去捕猎了。只见它在自己家附近的土地上，伸脚轻轻地探索着，触角也弯了起来，不断拍打着地面，犹如一个急切的寻宝者，想探知地下的秘密。而我在整整三个小时里，目不转睛地跟着这只砂泥蜂，不敢有丝毫疏忽。要知道这些小家伙身姿轻盈极了，拍拍翅膀一个转身，就能倏地飞到老远的地方。

我暗想，这只急急忙忙的毛刺砂泥蜂，一定是想找到一条美味的黄地老虎幼虫。为了再次观察砂泥蜂实施“麻醉术”，我赶紧请好帮手法维埃以及家里人一起出动，帮我找几条黄地老虎幼虫来。可是我们一群人忙了半天，却毫无收获，很可惜。

砂泥蜂同样也没有任何发现。它试过了各种地方：硬土地、碎石地、草地……还不时把一块杏核大小的土翻起来查看，但是它失望地发现，下面一条黄地老虎幼虫也没有。渐渐地，砂泥蜂看起来筋疲力尽了。

面对砂泥蜂忙碌了半天却一无所获的沮丧模样，我产生了一个疑惑：昆虫往往有极其敏锐的感觉，它怎么会这么长时间毫无发现呢？当它在某个地方翻土时，是不是已经通过某种信息，确定了下面有猎物？只不过由于猎物躲得太深了，砂泥蜂尝试了一下，发现没办法把它挖出来，所以只好离开？

我决定验证一下猜测，于是找到一块砂泥蜂曾经翻找过，但又无奈离开的地方，用刀往下挖，挖到平日发现黄地老虎幼虫的深度时，果然什么也没看到，再继续往下挖，在更深的土里，我果真发现了一条黄地老虎幼虫。

成功一次还不能算，我继续用跟踪砂泥蜂的办法在地下挖掘，真的很快挖到了第二条、第三条……一共5条。我觉得这已经足够证明之前的猜测，没必要再挖下去了。

有了这么奇特的发现，我立刻把观察“麻醉术”的愿望先放在一边了。我开始思考另一个问题：毛刺砂泥蜂是怎么知道哪个地方有猎物的呢？那些地方看起来普普通通，丝毫没有异样，而黄地老虎幼虫又藏得很深很深，我相信砂泥蜂绝对没有“透视眼”，所以靠“视觉”肯定行不通。

那么砂泥蜂靠的是什么呢？是嗅觉吗？在昆虫界，的确有许

多成员嗅觉发达，比如皮蠹、负葬甲等，但是我认为嗅觉是一种被动接受的感觉，只有当气味传来时才能感知到，而且静静地“闻”肯定比运动着“闻”效果要好。但砂泥蜂的行动明显不是被动的，它不断地抖动触角、拍打地面，想主动感觉到什么。再说了，我曾经把黄地老虎幼虫放在鼻子下仔细闻，也请来一些嗅觉更好的年轻人，大家都闻不到任何气味。就算砂泥蜂嗅觉出众，难道隔着深深的土层，真能闻到黄地老虎幼虫的味道？我有点不信。

要么，砂泥蜂靠的是听觉？在昆虫界，有许多昆虫头上的触角非常敏锐，当受到声音的刺激时，触角会发生剧烈的震颤，帮助它们判断周围的情况。那么砂泥蜂不停地拍打地面，是为了搜寻从地下传来的声音吗？但是黄地老虎幼虫藏身于那么深的地下，最多在啃食植物根茎或者扭动身体时，会发出微弱的声音，那几乎可以忽略不计啊，再加上土地有吸音作用，砂泥蜂在地面上能听得到？我对此做出了否定的回答。

几种推测都被排除了，我陷入非常迷茫的境地，似乎难以找到正确的答案。但思索良久，我却一下子豁然开朗了——唉，

我还是陷入习惯性思维了。我们人类总是喜欢按照自身的主观想象，把自己拥有的能力“强加”给动物，很少去设想动物们会不会有什么我们不了解的新能力、新手段。难道我们就这么肯定，在所有生命体中，感觉只可以被分成嗅觉、触觉、听觉和视觉吗？动物们千姿百态，各有特点，说不定某种奇特的感觉，就藏在菊头蝠那可笑的鼻子里，或者砂泥蜂细细的触角中呢？

这时，我想起了意大利生物学家斯帕朗扎尼做过的一个实验：他在房间里杂乱地拉了许多绳子，堆了好几堆荆棘，然后把几只失去视力的蝙蝠关在里面，想看看它们在这种情况下会不会乱飞乱撞。实验证明，“盲蝙蝠”们虽然眼睛看不见，但照样能轻松自如地在房间里飞来飞去，根本不会碰到障碍物。它们这种发现、绕开障碍的能力，和我们的任何一种感觉都不一样啊，谁能告诉我，它应该被归入什么能力呢？

所以，我很愿意换一种思路，承认动物和人类是不同的，它们可能具有许多我们不了解的感知方法、生存方式。顺着这个新思路，我们就不会为砂泥蜂能准确找到黄地老虎幼虫而大惊小怪了，它们说不定也有某种不可思议的能力。大自然很神奇，所以什么神奇的事情都有可能发生，不是吗？

尽职的泥蜂妈妈

伊萨尔森林是我很喜欢的观察地点，我常常来这里寻找各种昆虫。不过，你别以为它是一片郁郁葱葱的绿色世界，虽然名字叫森林，其实这里只有一些低矮的橡树，地面上也没什么草，光秃秃的，遍布着那种流动性很大的细沙。细细的沙粒被风吹拂，形成了一个个表面光滑的起伏沙丘。

到了炎热的夏天，这片沙地简直就变成了一个大火炉，恐怕没几个人愿意呆在这里。不过，这样的环境倒是泥蜂喜欢的呢！为了观察泥蜂，我已经连续好几个下午呆在这里了。幸好这次我记得带伞，虽然酷热，但毕竟没有被火辣辣的阳光直接晒在脸上。记得我曾经有几次被晒得实在吃不消了，只好把头躲在兔子窝的入口，好歹躲避一下，那幅场景，想想就觉得好笑。

俗话说“萝卜白菜各有所爱”，泥蜂把这片人迹罕至的地方当作了自己的乐园。它们生活在这里自由又安全，而且轻松就能捕捉到各种蝇类，那是它们最喜爱的食物。

太好了，我在沙坡上发现了一只泥蜂！它用后面四条腿站着，为了更稳当些，它把最后两条腿微微向两边张开一点。前面的那两条腿上长着密密的纤毛，就像扫把或者钉耙似的，应该是用来挖掘地下室的工具。果然，站稳后，泥蜂开始在沙坡上工作了，它的两条前腿一下一下，迅捷有力地耙着扫着，随着前腿的动作，细细的沙粒喷泉般穿过后腿之间，从肚皮下高高地抛射出去，落到了足足两米开外，真是很有气势。

泥蜂一刻不停地干了 5~10 分钟，“沙粒喷泉”在这段时间里几乎没中断过。因为沙丘实在太干燥太松散了，泥蜂一边挖，一边就有沙粒带着石子、树叶等塌陷下来。于是泥蜂用有力的大颚咬住这些杂物，把它们衔到远一点的地方丢掉。我眼看着这个小家伙埋头干了半天，可是依然在沙地的表面挖来扫去，似乎没有要深挖洞钻进去的意思。这是为什么？它想干什么？

大家先按捺一下好奇心吧，等会儿我一定会揭晓谜底的。每种昆虫的行为一定有它合理的原因，所以不需着急。

让我们先来看看泥蜂的宝宝。泥蜂给宝宝建的蜂房，都是在沙

堆下二三十厘米深的地方，那里的沙土稍稍潮湿些，也比较牢固，不会轻易塌陷。我曾经用刀一层层轻轻刮开沙土，终于找到了蜂房。它大约有两三个核桃那么大，相对于泥蜂的体型来说，也不算小了，但是造得比较简陋，墙壁上也没抹什么特殊材料来加固。

我仔细观察蜂房的结构，很容易推想到：泥蜂妈妈建屋时的唯一要求就是天花板别掉下来。那是当然的，如果在宝宝“入茧”前发生房屋坍塌，宝宝立刻就会送命；如果能坚持到“入茧”之后就没关系了，因为茧壳足够坚硬，是很好的保护层。

虽然泥蜂的蜂房挺牢固，但是通往蜂房的巷道却很脆弱，每次泥蜂进出时都会塌陷，需要重新挖掘。在产卵季节，泥蜂先捕获一只个头较小的蝇，然后带它进洞。此时身负猎物，泥蜂的行动受到了限制，不能灵活地挖土了，所以要进洞还真不容易。除此之外，泥蜂必须随时提高警惕，因为旁边经常有坏心眼的家伙虎视眈眈，想把它们的卵产在泥蜂的猎物上。一旦被坏蛋得手，泥蜂宝宝出生后肯定就会因为食物不足而饿死。泥蜂妈妈怎么能允许那样的事情发生呢？

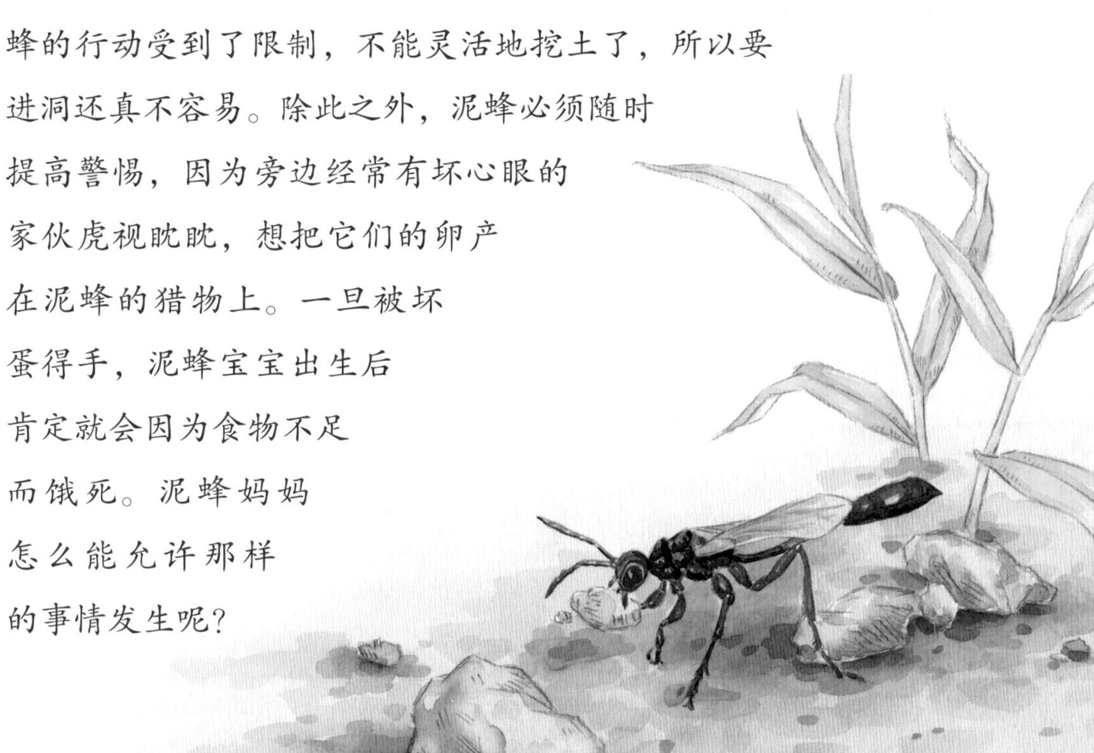

我介绍过很多昆虫，它们大多是给宝宝准备好足量的食物后，把卵产在一只猎物上面，再把洞口一封，从此不闻不问了。但是泥蜂妈妈不一样，它产卵之后，就出洞来守候在蜂房附近，一来给宝宝“站岗放哨”，二来方便随时为宝宝“送饭”。

因为泥蜂每次进洞都挺费力，所以勤劳的泥蜂妈妈在天气好又比较空闲的时候，就会对家附近的沙土进行扒挖检查，把沙粒间的杂物清理出去。故事开头的那只泥蜂，就是在做这项工作呢！它们饿了就舔食一点瘦姬蜂头上渗出的汁液，累了就在沙地上休息休息，总之尽心尽力地守护着自己的宝宝。

当 24 小时过去后，泥蜂妈妈知道，宝宝应该把第一只猎物吃完了，自己要赶快送去新的食物。于是，它去捉了一只更大的蝇，在我们看不出任何特征的沙地上，准确找到了自己蜂房的位置，边挖沙边带着猎物钻了进去。

也许有好奇的读者会问：万一天气下雨，蝇都躲起来了，泥蜂妈妈到哪里去给宝宝捕食呀？别担心，作为一位细心负责的妈妈，泥蜂可不会忘记这个问题。虽然在这个干旱的地方，并不常下雨，但泥蜂还是会有空就多捕一些蝇，放在离宝宝有些距离的蜂房门口。万一下雨了，它就从这些备货里挑一只给宝宝。这么定时定量地供应食物，真是既科学又节俭呢！

泥蜂宝宝的发育期大约是两周，在这段时间里，泥蜂妈妈需要一次又一次地往里面“送饭”，随着宝宝越长越大，吃得越来越多，后来泥蜂妈妈几乎要忙不过来了。幸好就在这时，宝宝的身体变得圆圆胖胖，足够强壮，开始停止进食了。泥蜂妈妈总算松了口气，它顺利完成使命，放心地离开了蜂房。

我曾经在一只幼虫的房间里，发现了各类蝇的残屑，经过拼合，大致知道了泥蜂妈妈在整个幼虫发育期，给宝宝的食物供给总量有 60 多只蝇！也就是说平均每天都要送进去 4 只左右。泥蜂妈妈为了宝宝，不辞辛劳，是不是很值得钦佩呢？

超级麻醉师节腹泥蜂

从童年开始，我就对蝶、蜂这些昆虫产生了浓厚的兴趣，渴望了解它们的念头像星星之火，越来越猛烈，最终被大师杜福尔的昆虫学著作点燃了。

杜福尔曾给我写过一封信，就某种节腹泥蜂的捕食问题进行了探讨。那种节腹泥蜂以吉丁为食，能够让猎物长时间保鲜，以便宝宝一出生就能吃到可口的食物。

而我在荒石园附近观察到的是另一种以象虫科昆虫为食的栎棘节腹泥蜂。这种节腹泥蜂喜欢用小眼方喙象来喂养自己的宝宝，一般每间蜂房里储备五六只象虫。当节腹泥蜂从洞里飞出去捕食时，没有什么固定的方向，有时往这边飞，有时往那边飞。大约 10 分钟，它们就能成功返回。看来，它们当真是高效的猎手，在 10 分钟里完成了起飞巡视、发现猎物、向猎物进攻，并最终得手回家这整个过程。

来看看小眼方喙象吧，它们的身体比栎棘节腹泥蜂大得多。我曾经给它们称过体重，栎棘节腹泥蜂一般重 150 毫克，而小眼方喙象平均重 250 毫克。如此悬殊的体重差异，节腹泥蜂还能用腿将沉重的猎物稳稳抱住，顺利飞回家，相当不简单，真称得上个头虽小，但强壮有力啊。

飞到洞口时，节腹泥蜂会落下来，用大颚拖着猎物往洞里走。这似乎不是它的强项，只见它不停地摔倒，看起来比在空中负重困难得多。不过这位可敬的蜂妈妈（蜂爸爸是懒惰的家伙，既不参与挖洞，也不为宝宝觅食）相当有耐心和韧劲，不达目的决不罢休。为了验证这一点，我曾经用麦秸把节腹泥蜂拨倒，抢走它的猎物，结果它四处搜寻之后，立刻重新飞走了，不到 10 分钟，再次带着战利品回来。

请原谅我对这个小家伙的所作所为，我曾经 8 次实施“抢劫”，节腹泥蜂的反应都一样，最后我实在于心不忍，在第九次时把那只小眼方喙象还给了它。

我知道，节腹泥蜂捕猎的有力武器是它的螫针，但是要知道象虫们也不是那么好欺负的，它们身披坚硬的盔甲，盔甲的各个部分又拼合得很紧密，没那么容易被蜇中。再说面对敌人谁会束手就擒呢？

对于节腹泥蜂如何“施针”的关键问题，大师杜福尔也无能为力，只好放弃回答。但我不愿放手，希望找到真相。所幸经过漫长而困难的尝试，我终

于成功了。

一开始，我采取跟踪节腹泥蜂的方法，想趁它们捕猎时从旁观察。可是，花费了整整一个下午，我被迫放弃了这个做法。想想看，节腹泥蜂飞行时那么迅捷和轻盈，我还没来得及扭头，它们就飞得不见踪影了，我怎么可能跟踪成功呢？更不要提在葡萄藤和橄榄树之间，节腹泥蜂可以自由穿梭，而我举步维艰！

不过，我又想到一个办法——假如我去抓几只象虫，把它们放在节腹泥蜂的洞口，那么当它们发现这些猎物时，一定会采取行动，我就可以趁机观察到了。于是，第二天我开始到所有可能的地方去找象虫，苜蓿地、葡萄园、草地上……花了两天时间，费了九牛二虎之力，总算得到了三只象虫。它们虽然活着，但模样狼狈，有的浑身沾满泥土，有的断了触角，不知节腹泥蜂会嫌弃它们吗？

抓象虫的过程让我不得不感叹，生存的本能力量实在太强大，我这么吃力才抓到三只伤残的象虫，而节腹泥蜂 10 分钟里就能捕获一只通体完整闪亮的象虫，真厉害！

好了，先不管这些，我的实验开始了。当我发现一只节腹泥蜂往洞里拖象虫时，赶紧把我抓到的那只放在洞口。当节腹泥蜂出来准备再次去捕猎时，果然发现了我的

“诱饵”。我激动得心怦怦直跳，好戏要开场了！

可是，节腹泥蜂用腿碰了碰象虫，来回走动了几次，竟然拍拍翅膀飞走了——它看不上我准备的这只象虫，甚至都不屑于用大颚去碰。我换了几个洞口做同样的实验，全都无功而返。我估计，要么是我的象虫太残破，要么就是我抓捕时把节腹泥蜂不喜欢的味道沾在了象虫身上，所以节腹泥蜂拒绝了我的“好意”。

不甘失败的我准备硬来。我把一只节腹泥蜂和一只象虫关在同一只玻璃瓶里，然后摇晃几下瓶子，希望节腹泥蜂在受到刺激的情况下，对身边的象虫发起进攻。谁知它被吓坏了，不但不进攻，反而转身就逃，即使被象虫抓住了一条腿也不敢反抗。这场景完全出乎我的意料！

猛然间，又一个奇思妙想在我脑海中产生：如果把我抓获的象虫在节腹泥蜂捕猎的关键时刻给它，也许它就不会那么挑剔了吧。前面我说过，节腹泥蜂回到洞口时，会落下来，把象虫拖进洞里。我就在这个时候采取了行动——用镊子把猎物抢走，然后迅速把我的象虫扔了过去。节腹泥蜂突遭变故，显得有些着急。它一转身发现了我的象虫，便急忙扑过去，用腿抱起它就要离开。不过节腹泥蜂很快发现这是一只活的象虫。它没有犹豫，立刻采取和象虫面对面的姿势，用有力的大颚夹住象虫的喙，逼迫象虫直起身子。然后，节腹泥蜂用前足压住象

虫的背，迫使它的腹节微微张开——好，机会来了，节腹泥蜂用带毒的螯针在象虫前足和中足之间的前胸处使劲蜇了几下。象虫如遭雷击，马上不动了，根本没有任何挣扎。

接着，节腹泥蜂把象虫翻过来，腹部对着腹部抱起来飞走了。我做了三次同样的实验，每次都是这样。而后来对猎物象虫的检查结果同样令人诧异，它们身上看不出任何伤口，可见节腹泥蜂的螯针十分细小。那么小小螯针上的毒液为何具有这么强大的力量呢？恐怕光从毒理学方面研究，还远远不够！

真想知道，在象虫的体内到底发生了什么神奇的事情！

聪明的小傻瓜——飞蝗泥蜂

我曾经多次说过，昆虫的生存本能非常令人称奇，它们在本能的支配下出生、觅食、成家、繁衍……有些昆虫在捕猎中实施的精巧“麻醉”，或是成家时筑造的复杂“宫殿”，即使最高明的人类医生和工程师，可能都要佩服得竖起大拇指呢！

不过，长期的观察和实验让我知道，昆虫的这种本能只是一种“无意识状态”，就像我们常说的“天生如此，没道理可讲”。一旦周围环境或自身行为被外力改变了，它们就变得傻头傻脑，十分可笑。这种聪明和愚笨的结合、精妙和无知的共存，说起来有趣极了。就让我以飞蝗泥蜂这种常见的昆虫为实验对象，向大家展示一下昆虫本能的强大力量吧。

大家都知道，飞蝗泥蜂有先捕猎、后安家的习惯，为了保持食物新鲜，它们抓住一个猎物就在附近挖一个洞，速度很快，因此洞总是十分粗陋，很多飞蝗泥蜂家里只有一个房间，即一间蜂房。

我的第一个实验开始了，当一只飞蝗泥蜂拖着距螽走到洞口附近时，我用剪刀轻轻剪断了距螽的触角。飞蝗泥蜂很快发现了异常——怎么猎物一下子变轻了？它转身来到猎物身边，毫不犹豫地抓住了剩下的那截触角，继续前进。我贴着距螽的头顶，又把那两根触角从根部剪断了。飞蝗泥蜂再次感到情况不对，它奇怪地看了看，无奈地抓起了猎物的一根唇须。我的“捣乱”还没停止，趁着飞蝗泥蜂进洞检查的空当，我接着把猎物的所有唇须全部剪掉了。从洞里返回的飞蝗泥蜂围着猎物的头部检查了一遍，发现没有可以“抓手”的地方了。绝望中的它张开大颚，试图咬住距螽的大脑袋，可是“钳子”太小了，它试了很多次都夹不住！这可怎么办，难道就这样轻易放弃？

看着束手无策的飞蝗泥蜂，我真替这个小家伙着急，要知道距螽身上有很多地方可以抓住和拖拽呀，比如它的产卵管，或者是任何一条细细的腿，大颚完全可以

牢牢夹住。自始至终，飞蝗泥蜂连一点这方面的想法都没有。我想“提醒”一下它，便把距螽的一条腿放在飞蝗泥蜂的大颚旁。可是没用，它没反应。

我想，也许是我的存在干扰了飞蝗泥蜂的思考，于是悄悄离开了。两个小时后我回到这里，发现飞蝗泥蜂走了，但猎物仍然躺在原地——它果然放弃了。

不得不说，能以高超手法迅速捕获猎物的飞蝗泥蜂，刚才的表现十足像个小傻瓜！

第二个实验，我放在了飞蝗泥蜂安置好猎物并产好卵之后。按照它们的本能习惯，接下来就要用沙土把洞口封住，让宝宝在里面安全地出生。我当着这只飞蝗泥蜂的面，把猎物和卵都从洞里拿出来，想看看它作何反应。

它会弃洞而去吗？或者嗡嗡地来找我算账？没有，都不是！它发现门开了，便走进去，在里面待了一会儿，然后退出来继续封洞，而且依旧那么认真，那么一丝不苟。由此可见，在本能的指引下，昆虫在做了前面一件事后，一定会接着做下面该做的事，不管是不是有新情况。它们没有判断力，在一切正常的情况下，它们表现得像个“智者”，但稍有变化，它们的无知就暴露了。也许，“随机应变”对它们来说要求太高了。

我的第三个实验再次证实了这一点。白边飞蝗泥蜂主要以个头中等的蝗虫为食。在田野里，蝗虫数量很多，飞蝗泥蜂很容易找到吃的。白边飞蝗泥蜂也和家族里的同伴一样，把猎物带到洞口附近时，习惯先进洞去探查一番。万一它们正好把猎物放在了斜坡上，猎物就会滚落下去。飞蝗泥蜂出来后如果能找到猎物，就再次拖上来。别以为它这回会找个平坦的地方，不，它还是会把猎物放在原来的地方，一点都没长记性。

另外，飞蝗泥蜂进洞查看的次数太多了，明明刚刚才看过，走了没两步又要进去，难道它们的记性这么差？我趁飞蝗泥蜂进洞时，把它的猎物“偷”走了，想看看它有什么反应，要知道附近的蝗虫很多，再捉一只太容易了！可是飞蝗泥蜂没有再去捉蝗虫，而是钻进洞里，开始封洞，和朗格多克飞蝗泥蜂如出一辙！

接下来，我要做第四个实验了，这次是黄足飞蝗泥蜂。黄

足飞蝗泥蜂家里有几间蜂房，每间蜂房里应该储备 4 只蟋蟀当作食物。但我发现有的蜂房只有三只或者两只。这是为什么？是因为有的小宝宝胃口比较小吗？我做过尝试，给洞里只储备了两只或三只蟋蟀的新生宝宝喂食，它们都是在吃完 4 只蟋蟀

以后停止了进食。可见，不是宝宝胃口小，而是飞蝗泥蜂妈妈在准备食物时，可能遇到了意外，导致丢失了猎物。它们对食物数量的计算恐怕不是在洞里“一、二、三、四”这样数的（它们没有这个能力），而是通过飞出去捕猎的次数来计算。只要抓住过 4 只猎物，哪怕半路丢了，它们也会算在其中，然后自以为完成了工作量，开始下一个步骤：封洞。

面对昆虫这些充满矛盾的表现，我该怎么说呢？它们实在是循规蹈矩的模范，在生活中不愿越雷池一步。话虽这么说，我们其实不该过分苛求，这些“聪明的小傻瓜”仅靠千万年来“死板”的本能，已经足以保持种族的繁衍和延续了！

一代代活下去，这才是最重要的！

执着的搬运工

飞蝗泥蜂的种类很多。据我所知，在法国大概只有三种，分别是黄足飞蝗泥蜂、白边飞蝗泥蜂和朗格多克飞蝗泥蜂。它们对食物各有喜好，分别钟爱蟋蟀、蝗虫和距螽（我也发现过极个别的不同情况,并做了详细记录,希望对相关研究有帮助)。

在这几种飞蝗泥蜂中，黄足飞蝗泥蜂喜欢聚居在一起，因此场面壮观，很容易找到。而今天要说的朗格多克飞蝗泥蜂正好相反，它们性格孤僻，喜欢享受独处的安静，所以要寻找、观察它们的确很辛苦。

话题至此，我忍不住要说说多年来在研究昆虫的道路上遇到的诸般“烦恼”。说实话，我很羡慕化学家。为什么呢？因为化学家完全可以做自己研究项目的主人：时间、地点、材料、环境……可以随心所欲地自由决定，进而不受打扰地实施。而对昆虫秘密的探究则困难多了，不但受到季节、月份等时间限制，而且还常常要等待上天赐予的机会。有时蹲在烈日炎炎的坡地上，有时趴在岩石的陡壁处，一呆就是半天，如果恰巧观察地点在一株橄榄树下，能有些微风拂面，就是很幸福的事了。

除了忍受环境的考验，昆虫研究者还要做好被人误解的心理准备。当路人看到我那副专心致志、到处寻觅的模样，还以为我是一个探宝者或是意图不轨的人呢！瞧，那位乡警就是一位好奇者，他已经观察我很久了，看着我整天满腹心事地走来走去，低着头这里拍拍，那里挖挖，他心中一定暗想：此人不是流浪汉就是想偷庄稼，我得好好盯牢他。这个时候，我即使再口干舌燥，也不会伸手去摘一颗头顶的葡萄——也许他就等着这机会呢！

一天，我正在聚精会神地观察一只飞蝗泥蜂，突然有人在背后说："请立刻跟我走！"果然是那位乡警。我赶紧向他解释自己的所作所为，可他压根儿不相信。是呀，很少有人能理解，一个人被火一般的太阳烤几个小时，就为了看一些虫子？幸好最后那根红绶带（编者注：法国政府给为国家做出极大贡献的人颁发红绶带）帮我解了围，他总算是相信了我。

类似的事件还有很多，不过我不多说了，免得大家扫兴。我们还是回到朗格多克飞蝗泥蜂身上吧。前面我说过，朗格多克飞蝗泥蜂喜欢离群索居，所以观察难度大，不过我

相信现在我选择的这个地方应该是对的。我已经好几次在这里看到过它们的身影了——它们躺在绿色的葡萄叶上，畅快地享受着阳光，因为实在太舒服了，甚至开始用脚尖拍打身下的叶片，发出敲鼓似的声音。

嘿，别以为它们只是在嬉戏玩耍，也许在这高高的葡萄藤上，它们一边晒着太阳，一边也没忘记悄悄观察哪里有可口的距螽可以捕捉呢！距螽喜欢躲在葡萄藤间，而朗格多克飞蝗泥蜂对它们格外钟爱，尤其是肚子圆鼓鼓的母距螽，那里面满是虫卵，味道太鲜美了。

看，朗格多克飞蝗泥蜂果然找到目标了。它拍拍翅膀飞过去，和其他家族成员一样，用螫针制服了个头超大的距螽，准备就近安家。因为猎物距螽又大又重，实在有点超出了朗格多克飞蝗泥蜂的载重飞行能力，所以它只好拖着距螽走。

既然朗格多克飞蝗泥蜂选择了徒步搬运猎物，那距螽长长的触角正好成了不错的拉绳。只见朗格多克飞蝗泥蜂昂首挺胸，用大颚咬住一根触角，奋力拖拽着。遇到实在难走的路段，它们才抱起猎物，勉强飞行一小段。

因为拖着重物寻找安家的地方实在不方便，所以更多情况下，朗格多克飞蝗泥蜂是先把麻醉好的距螽放在捕猎现场，等找到地方挖好洞以后，再回来搬运。

我不止一次看到过朗格多克飞蝗泥蜂挖洞。它们用大颚当挖掘的铲子，用跗节当扫土的耙子，很快就能挖好一个简单的洞穴。接着，它慢慢飞出来了，那东张西望的样子，一看就知道不是要远行。哦——它在找之前捕获的猎物呢！它们对自己的记忆力还是很有信心的，所以没费什么力气就找到了。

说来有趣，和它们寻找猎物时出色

的记忆力相反，我发现朗格多克飞蝗泥蜂在搬运食物回家的过程中，会几次三番产生疑虑，放下猎物跑回家查看一下，再回来继续搬运。难道它们突然想起大门不够宽敞？或者是房间有什么缺陷需要改进？要么就是它转头就不记得已经查看过了？我曾经看到一只朗格多克飞蝗泥蜂在短短一段路上来回跑了五六次之多。

有一次，我看到一只朗格多克飞蝗泥蜂把家安在了屋顶的瓦片下。我想：既然它突破常规把家安在了高处，那么搬运食物是不是也会破格用高空飞行的方法呢？那样就容易多了！但我错了，朗格多克飞蝗泥蜂真是个倔脾气，依然继续着那种非常吃力的搬运方式——带着猎物沿垂直光滑的墙壁往上爬。我一开始不相信它能成功，这比在地面上行动更加困难啊！

没想到真不能小看它，这个坚忍的小东西背负着重物，仅利用墙壁上一点点凹凸不平的灰浆为支撑点，硬是把距螽运上了瓦片。它照例把距螽放在瓦片边，先进洞去查看，没想到就在这短短的时间里，距螽滑落下来。朗格多克飞蝗泥蜂只好飞下来，重复刚才的搬运，可是，上一次的错误再次发生了。我忍不住同情起它来，但朗格多克飞蝗泥蜂却没受到打击，开始第三次搬运。俗话说“再一再二不能再三”，这次小家伙终于学聪明了，到了屋顶不再进洞查看，而是直接把猎物拖了进去。

由于朗格多克飞蝗泥蜂的猎物重，无法空中运输，所以它们不与同伴结伴为邻，而是离群索居。因此猎物重量的大小决定了泥蜂的某些基本特性。

劫杀蜜蜂喂宝宝

我发现在蜂类家族中，有一些蜂既会温柔地采集花蜜，也会无情地捕杀猎物。比如雌性大头泥蜂，它有本分的生活方式——在花丛中辛勤地采蜜，吸食花粉，但是也会对蜜蜂实施杀戮行为（雄性大头泥蜂没有螫针，所以只会采蜜，下面说到的大头泥蜂都是指雌蜂）。

我曾经仔细观察过大头泥蜂猎杀蜜蜂。在钟形玻璃罩里，我放了一只大头泥蜂和两三只蜜蜂。当大头泥蜂适应了新环境后，很快把注意力集中到了蜜蜂身上。它伸长触角，挺直前足，露出一副贪婪的模样。

终于，大头泥蜂出击了，它闪电般地冲向猎物，将蜜蜂摔了个四脚朝天。大头泥蜂与蜜蜂腹部对着腹部，一边用六只脚将蜜蜂固定住，一边用大颚不断攻击蜜蜂最薄弱的颈部。最后，螫针对准蜜蜂的颈部狠狠扎了下去。

这种猎杀实验我做过很多回，所以知道除了刚才的“摔跤式”，大头泥蜂有时也会用直立式进行攻击，不过还是腹部对着腹部，螫针扎下去的位置也都一样。大头泥蜂清楚地知道：蜜蜂的颈部是最致命的关键部位。

为了看得更真切，我多次从大头泥蜂那里，把已经被螫针扎过的蜜蜂抢过来。我发现大头泥蜂绝对是杀手而不是麻醉师，这些被蜇过的蜜蜂不出几分钟就死了。虽然蜜蜂也有螫针，但是面对大头泥蜂，它似乎毫无还手之力。

蜜蜂被杀死后，大头泥蜂依然和它保持着腹部相对的姿势。这是为什么？原来，蜜蜂在刚刚死去的几分钟里，螫针还保持着受攻击后的反射运动状态，所以大头泥蜂得手后不会马上松开，防止蜜蜂在条件反射下进行反击。

说到这里，我们忍不住要问：大头泥蜂冒着危险杀死蜜蜂，究竟想干什么呢？它会采蜜，并不缺少食物呀！我仔细地观察，发现大头泥蜂用腹部不断挤压蜜蜂的腹部，结果蜜蜂蜜囊里

的蜂蜜被挤到了嘴巴里，大头泥蜂立刻贪婪地把这些蜂蜜吃了下去。大头泥蜂不停地挤呀吃呀，大约要持续半个小时，直到蜂蜜被吸食一空，大头泥蜂才满意地离开。大头泥蜂实在是胃口很好的家伙。

我记得有个贼鸥的故事，说当它看到收获满满的鱼鹰飞在水面上时，就迅速扑上前去，用嘴啄鱼鹰的喉部。当鱼鹰无奈地吐出鱼儿时，贼鸥就立刻叼走据为己有。虽然贼鸥很可恶，但它也只轻微伤害了鱼鹰的脖子，而大头泥蜂却是把蜜蜂杀死并吃光它所有的蜂蜜，是实实在在的残忍劫杀啊！

我决定暂时不追究大头泥蜂的“恶行”，因为我觉得万事万物皆有存在的理由。大头泥蜂这么做是不是有它不得已的原因呢？也许我忽略了什么因素，那才是大头泥蜂劫杀蜜蜂的真正目的？

果然，我发现了问题的答案：大头泥蜂的劫杀行为和繁衍后代之间有联系。当大头泥蜂只是嘴巴馋想吃点甜食时，它会在吸光蜂蜜后，立刻把蜜蜂丢弃，随它被风干或者被蚂蚁搬走。但是有时候，大头泥蜂吃光蜂蜜后，还要将蜜蜂抱走，那就是它在给自己的宝宝准备食物了。我曾经在野外亲眼看到大头泥蜂把肚子瘪瘪的蜜蜂拖回家里。

很多昆虫都是在宝宝出生前就准备好足够的食物，

但是因为大头泥蜂储备的是死去的猎物，短短几天就会腐烂变质，所以它不能一下子准备太多，需要随着幼虫的长大，不断地提供新鲜食物。一般大头泥蜂每天最多捕捉两只猎物，然后就呆在家里，直到食物没有了才再度出门。

接下来，还有一个问题值得研究，那就是大头泥蜂在给宝宝提供食物前，为什么要先把蜜蜂蜜囊里的蜂蜜吃光呢？难道只是自己一时贪吃？似乎不可能，因为我发现大头泥蜂给宝宝的蜜蜂，每一只都被吸干了蜂蜜，光用嘴馋来解释这个现象太牵强了。

突然，一个念头跳进了我的脑海里：加了果酱的牛排并不是人人都爱，那么是不是带蜂蜜的蜜蜂肉，也不受大头泥蜂宝宝待见呢？胡乱猜想终归没用，我还是要用观察和实验来验证自己的猜测。

我将自己捕获的、肚子里满是蜂蜜的蜜蜂尸体提供给我饲养

的大头泥蜂幼虫。一开始幼虫们吃得很起劲，但是慢慢地它们就变得没精打采、食欲不振了，最后竟然陆续死去。我暂时还不能下判断，说大头泥蜂幼虫是因为食物而死的，毕竟人工环境和自然环境有差异，也许幼虫的死亡还有其他未知的原因呢？

第二次实验中，我将纯蜂蜜放在大头泥蜂幼虫面前，结果它们一开始就表现出拒绝，宁愿饿肚子也不吃一口。

第三次实验开始了，我把一只身体表面涂上了蜂蜜的蜜蜂尸体放在大头泥蜂幼虫面前，结果幼虫看到蜜蜂立刻上前咬了一口，但是它显然对入口的食物味道不满意，立刻嫌恶地退到了一边，后来大概实在饿极了，又上前胡乱地咬了几口，但最后还是不愿再碰了。几天后，大头泥蜂幼虫死了。看来不管怎样，大头泥蜂幼虫不愿接受蜂蜜，对它们而言，香甜的蜂蜜是致命的。

实验进行到这里，我明白了：大头泥蜂杀死蜜蜂、还吸光蜜蜂肚子里的蜂蜜，并不是为了满足自己的贪欲，而是为了自己的宝宝免遭蜂蜜的毒害。对大头泥蜂宝宝来说，不带蜂蜜的蜜蜂才是最好的食物。

之前，看到大头泥蜂对蜜蜂的残忍行为，我非常不满，忍不住用“杀人凶手”“强盗”“恶棍”等词汇来谴责它。现在，我不得不承认自己错了，就让我这个愚昧无知的人，收回之前那些难听的话吧。

蜜蜂毒液的杀伤力

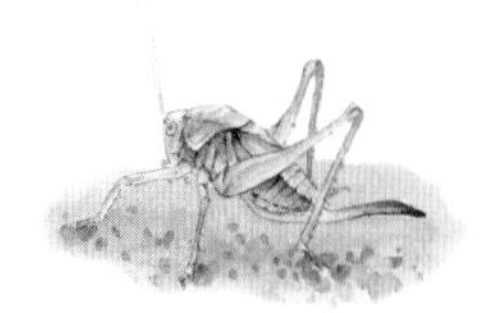

蜂类有各种各样的毒液，正因为有了这些厉害的毒液，它们才能顺利捕获猎物。我打算好好研究一下蜂类中的首领——蜜蜂的毒液，看看猎物被它的毒针用不同方式蜇过以后，会出现什么不同的状况。

但是，这个实验说说容易，做起来却很困难。想想看，在实验中螫针必须准确刺到我需要的部位，才能看出问题，而蜜蜂们可不会乖乖听话，它们在我手里拼命地挣扎，有时候不但没刺中猎物，反而扎到了我的手指上。我顾不得自己的手指痛不痛，继续想办法捉来一只又一只蜜蜂。

为了使实验更简单易行，我把蜜蜂带螫针的腹部剪了下来。也许有人会发出奇怪的惊呼：这样蜜蜂不就死了吗？还能做实验？别担心，我曾经在其他篇目中说过，蜜蜂刚刚死亡的几分钟时间里，螫针依旧会保持条件反射，当它遇到目标时，立刻挥针就刺。我利用的正是这一点。而且用这种方法，螯针刺进去以后会继续停留在猎物的身体里，我就能更清楚地观察到螯针的位置以及针刺的方向了，比如是垂直刺入还是斜着刺入，等等。尽管有了这个办法，其实实验中还是百分之一的成功伴随着百分之九十九的失败啊！

下面，就请看我为了弄清蜜蜂毒液的“杀伤力”情况，对不同昆虫进行的实验。

我找来了我们地区最强壮的昆虫螽斯，用蜜蜂的螯针，对准它前胸的中心点直直地刺了进去。这个位置是螽斯的神经中

枢，平时螽斯的天敌也是蜇这个地方。被蜇过的螽斯一开始显得非常激动和愤怒，又跳又蹦，拼命挣扎，但是很快就倒在地上，前足被麻痹了。过了一会儿，螽斯的身体剧烈痉挛，只有触角和唇须轻微地颤动着，如果你去碰碰后足，还有一点反应；第二天和第一天情况相似，但是看起来它被麻痹的情况更严重了一些；第三天，螽斯的六只脚都不能动了，气息奄奄；到了第四天，螽斯身体颜色变得深黑，显然已经死了。

对螽斯的实验可见，蜜蜂的毒液相当厉害，只要对着猎物的神经中枢蜇一下，就能在四天后要了直翅目昆虫中最大的一种——螽斯的性命。

接着，我选用了一只绿色的雌性蝈蝈来做实验。我将蜜蜂的毒针蜇刺在蝈蝈前足纹路的中心点上。两三秒钟后，蝈蝈开始抽搐挣扎，倒在地上，全身都无法动弹了，不过如果你碰碰它的头，它后面四只脚还能摇摆。三天时间过去了，蝈蝈始终

保持着这个状态，到了第五天它终于不行了。除了多活一天，蝈蝈和螽斯被蜜蜂毒针刺中神经中枢后，结果都是一样的！

现在我们来看看如果毒针没有刺在神经中枢上，情况会怎么样呢？我找到一只精神奕奕的雌性距螽，在它腹部的中间扎了一下。这似乎一点也没影响距螽的行动，它照样在玻璃罩里爬来爬去，就像没挨毒针似的。几个小时过去了，距螽依然神气活现，可见毒针对它几乎没造成什么伤害。

既然蜇一针没有什么反应，我就决定给距螽增加几针。这次我在它腹部的两侧及中间一共扎了三针。它会出现异常吗？我等待着……

第一天，距螽好像还是什么感觉也没有，当然也许它在忍受痛苦，只是我看不出来罢了；第二天，情况有些不妙了，距螽脚步蹒跚，行动的速度很缓慢；再过两天，它的反应更加迟钝了，我把它翻成肚子朝上的模样，它都无法再翻转回去；第五天时，距螽没有了生命迹象。看来这次我下手实在太重了。

我又对蟋蟀做了同样的实验，结果也一样：如果只在腹部扎一针，对它没什么影响。但是假如多扎几针，还是会要了这个小家伙的性命。

虽然实验结果多次证实了昆虫只要被蜇到神经中枢就会没命，但是在实验中也时常发生意外，所以要将“胸部神经节被刺就会导致死亡”的观点广为传播，我觉得还为时过早。下面我就举个在实验中遇到的有趣例子——

我捉了一只修女螳螂，用蜜蜂的毒针对着螳螂前足处的胸部刺了一下。本来如果刺中了位置，肯定会出现我预期的结果：螳螂勉强支撑几天，然后死亡。但是现在螫针稍稍偏离了中心一毫米，刺在了一只前足的足根部。结果，螳螂这边的“大刀”猛然间不能动了，但是另一只前足还能挣扎，并在挣扎中钩破了我的手指；第二天，那只钩破我手指的前足也不能动了。它的前胸虽然还神气地挺着，但锋利的臂铠甲却耷拉在两旁。我把这只螳螂留了 12 天，由于它前足一直无法动弹，不能把食

物送进嘴里，所以十几天里它就不吃不喝，直至死亡。我无法说清它到底是被毒死的，还是由于长时间绝食饿死的。

蜜蜂的毒液有的呈酸性，有的呈碱性，但是我通过实验发现，其实酸碱问题并不重要，这两种性质的毒液同样能摧毁神经系统。最能决定毒液杀伤程度的，是螫针攻击猎物时的准确性，如果针刺的位置有偏差，效果肯定要打折扣。蜜蜂这些捕猎性昆虫天赋的本领，让它们在使用螫针技术时，显得非常娴熟，从而保证能获得足够的食物，让物种继续生存和延续下去！

胡蜂窝里的秘密

9月的一天，我和儿子保尔一起去野外探险。细心又专心的保尔是我寻找昆虫的好帮手，他很快在小路前方发现了异常：草丛中，一些东西很快地冒出来，又很快消失了……保尔叫起来："那一定是胡蜂窝！"

我俩悄悄地往前走。的确，那里有一个胡蜂窝，入口大约有拇指粗细，胡蜂们正往来忙碌着。我俩这么靠近胡蜂窝，一旦被胡蜂发现，那就危险了！虽然我太想得到一个胡蜂窝了，但还是决定先离开，等晚上所有胡蜂回巢后，再一举拿下。

大师雷沃米尔当初研究胡蜂时，为了得到活的胡蜂窝，拿出丰厚的酬劳，雇了一些仆从帮助他。但我没有大师的经济实力，只能冒着自己被蜇的风险，采取一些简易办法。现在，我已经总结出一个操作简单、效果上佳的方法了，那就是窒息法。死了的胡蜂不蜇人，当然啦，我只要减少窒息药液的剂量，就

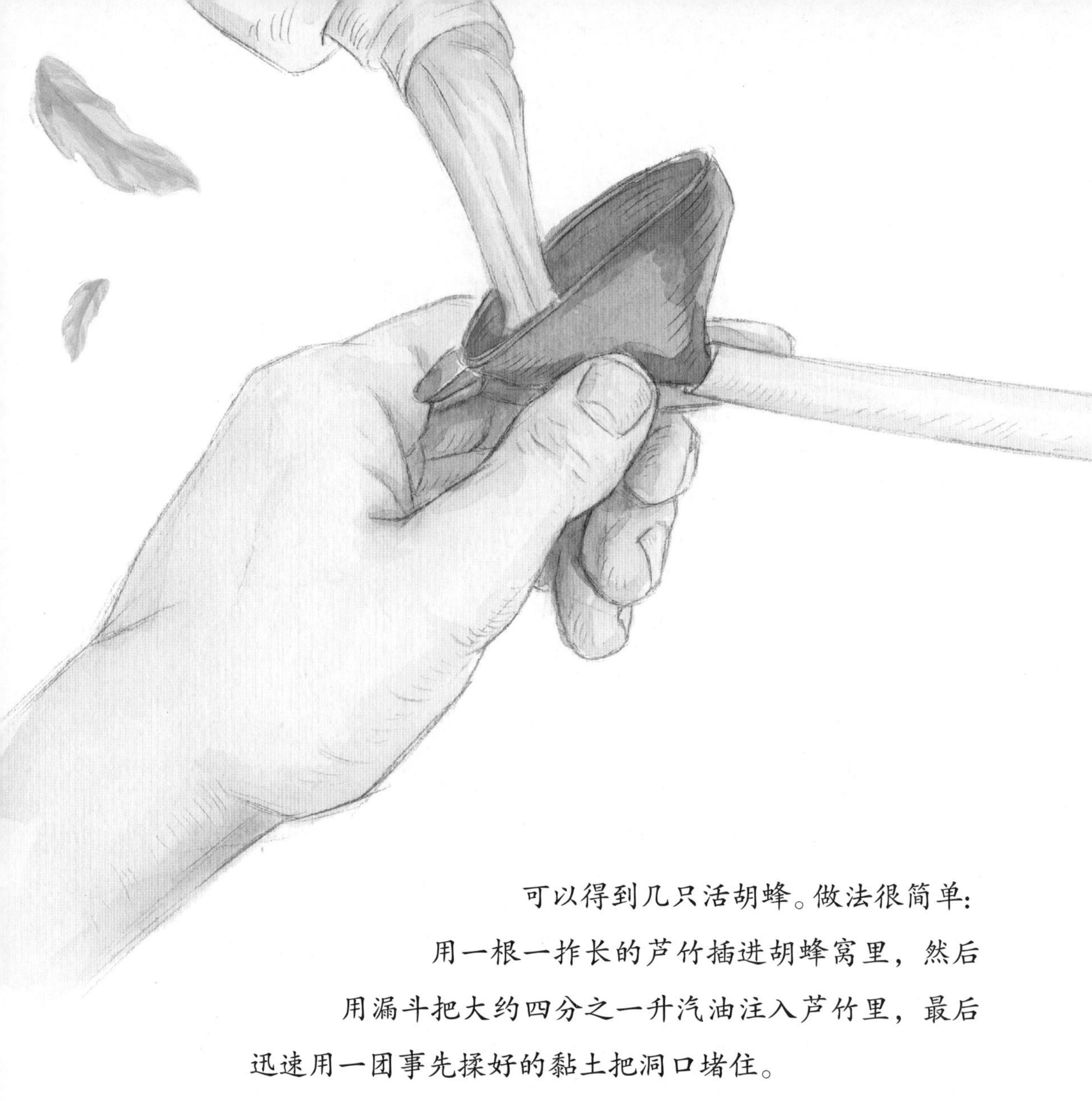

可以得到几只活胡蜂。做法很简单：
用一根一拃长的芦竹插进胡蜂窝里，然后
用漏斗把大约四分之一升汽油注入芦竹里，最后
迅速用一团事先揉好的黏土把洞口堵住。

这个方法有个要点，那就是灌汽油时必须用芦竹，如果直接对着洞口倒，那么大部分汽油会被周围的泥土吸收掉，无法到达底部，那样当你第二天挖蜂窝时，会发现有很多胡蜂还活着，并且加倍愤怒地向人发起攻击。

晚上9点左右，我和保尔找到那个胡蜂窝，迅速实施了之前说的“汽油窒息法”。之后就没什么事了，我们父子俩安心

回家睡觉，直到第二天清晨，我们带着铲子和铁锹，再次来到这里。虽然有几只没回窝的胡蜂发现了我们，但早晨的寒气让它们失去了攻击力，挥挥手就可以赶走它们。

我们在门厅前挖了一条宽宽的壕沟，大约挖到半米深时，就看到在一个洞穴的圆拱下，挂着一个完整的蜂窝。很显然，

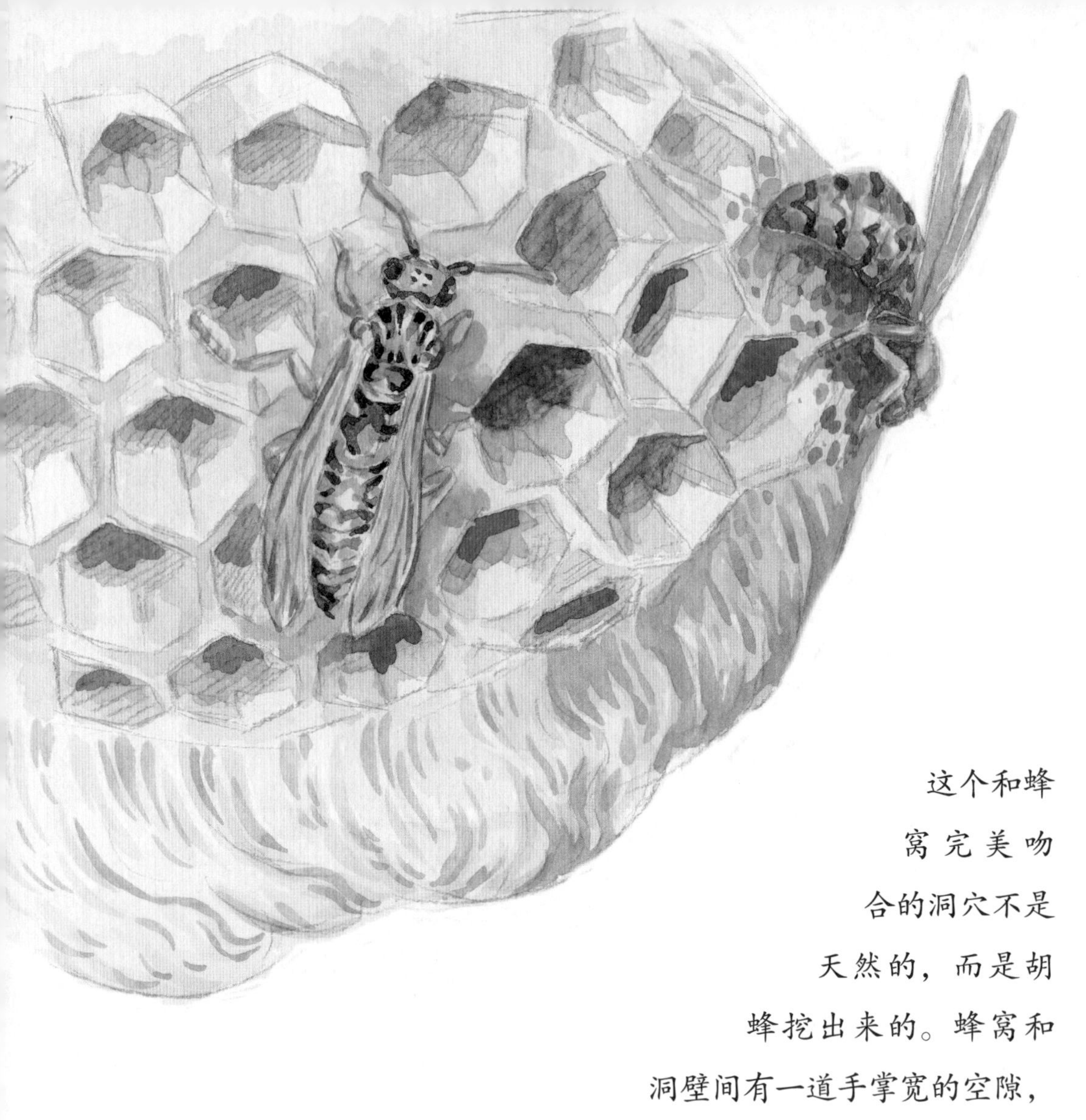

这个和蜂窝完美吻合的洞穴不是天然的，而是胡蜂挖出来的。蜂窝和洞壁间有一道手掌宽的空隙，方便胡蜂们自由行动。在蜂窝的下方，还有一大块空地，胡蜂可以从上往下一层层加盖蜂房。

胡蜂的蜂窝形状与所处土壤的质地有关系，如果是松软的土质，那么洞穴就很容易挖得比较规则，蜂窝自然也就呈圆形；如果是石子很多的土壤，挖出的洞穴不规则，蜂窝也就这里凸一块，那里凹一块，形状各异了。

蚂蚁挖洞时都把土堆在自家门口，如果胡蜂也这么做，那么它的家门口该有多大一个土堆呀！可是胡蜂家门外并没有土堆。那么胡蜂把土弄到哪里去了呢？原来，一个窝里的胡蜂合力挖洞，然后每只胡蜂都咬起一小块土，叼着它飞到四面八方丢掉后，再回来继续工作。因为它们丢“垃圾”的范围很大，所以就一点儿也看不出痕迹了。

胡蜂窝的表面，有几层薄瓦片似的外套包裹着，每层之间都留有空隙，便于充分利用空气来起到保暖作用；而在蜂房的形状上，胡蜂采用的是最合理的六面体，容积大，但又很节约材料。你别说，在建筑方面，胡蜂还真是非常聪明呢！

但是，如此杰出的建筑师，怎么面对我小小的“汽油把戏”，就束手无策了呢？它们会挖洞呀，完全可以另外挖条通道逃生嘛！事实是，胡蜂不懂得这么做。

在我家院子的小路旁，偶然有一些胡蜂安了家。因为怕它们伤到孩子，我决定除掉这些胡蜂，顺便也能进行一番观察。晚上，我等胡蜂全部归巢后，用一个玻璃罩把胡蜂的洞口罩住了。第二天，胡蜂准备出巢时，立刻被玻璃罩给困住了。和之前遭到汽油窒息不同，现在，胡蜂完全可以从罩子下面的缝隙逃走或另

外挖一条通道逃生，但是那些胡蜂却在玻璃罩里没头没脑地撞击，挤作一团，吵吵闹闹，就是不知道想其他办法。

这时，少数昨晚没回来的胡蜂回来了，它们绕着玻璃罩飞了几圈，发现没法进洞，便很快在罩子旁边挖掘起来，并成功挖了条地道，回到了家里。我把新挖出的洞口用泥土封上，慢慢等待着。我想：那些后来进去的胡蜂，会不会根据自己的进洞经验，给其他成员提供逃生思路呢？要知道从洞里面还能看到那条新通道的入口呢！

出乎我的意料，所有的胡蜂在洞里都成了“傻瓜”。几天后，由于饥饿和高温，胡蜂纷纷死去，没有一只逃出来。唉，胡蜂啊胡蜂，为什么呆在地下你们就变得那么愚蠢呢？

不过，很多动物也和胡蜂一样，一旦情况发生变化，就变得不知所措了。记得奥都蓬讲过如何捉野火鸡的事。把一个栅栏编的笼子放在一个黑暗通道的尽头，然后从通道口到笼子里，一路撒上玉米粒。当野火鸡被玉米粒吸引，一路吃着进入笼子后，就再也不知道怎么出去了。因为通道那里是黑的，而野火鸡的智力水平，让它只会围着栅栏间透进的阳光原地打转，直到被猎人抓住。

最后，让我打开之前获得的

蜂窝，通过它来告诉大家，一个蜂窝里能容纳多少家庭成员。根据我的统计，一个普通的蜂窝里，有数千间蜂房是很常见的，多的能超过一万间，如果按照一间蜂房里生活三条幼虫来计算，一个蜂窝每年要诞生 3 万多只胡蜂，实在是太惊人了！

但是，大自然不可能允许这么多胡蜂全部生存下来，不然地球岂不变成了胡蜂的天下！寒冷、饥饿、病害……还有一些我们不知道的原因，会让大量胡蜂死去。这也许正是大自然为了保持生态平衡，施展的神奇手段吧。

“从天而降”的黑胡蜂宝宝

在我生活的地方，有两种黑胡蜂，一种叫阿美德黑胡蜂，一种叫点形黑胡蜂。它们习惯独居，模样也差别不大，身体主要是黑黄色，体态优美，腰肢纤细，起飞平缓，飞起来无声无息。

黑胡蜂和其他许多蜂类一样，是很有才能的“建筑大师”，值得一提的是，黑胡蜂还是昆虫中的艺术家呢，它会找来一些被太阳晒白的空蜗牛壳，镶嵌在自己的蜂窝外面，既实用又好看。如果找到的蜗牛壳数量较多，这时的蜂窝看起来就像我们手工制作的精美贝壳盒子，非常漂亮！

不过，今天我重点要讲的，不是黑胡蜂如何筑窝，而是它们为自己宝宝的出生、成长想出来的绝妙方法。先卖个关子，让我从头开始慢慢说——

我知道，黑胡蜂产卵之前，会在窝里堆满食物（类似黄地老虎幼虫的小蝴蝶的幼虫），产卵之后，它就把蜂窝的出入口封起来。说来有趣，我发现阿美德黑胡蜂的蜂窝里，食物数量经常放得不太一样，有的只有5条，有的却有10条。幼虫的食量应该差不多吧，为什么黑胡蜂妈妈厚此薄彼呢？原来，很多昆虫的幼虫在发育完全后，雌性会比雄性大，所以需要的食物相应较多。由此可以断定，黑胡蜂妈妈居然事先就知道它要产出的卵哪一个是雌性的,哪一个是雄性的，真是太厉害了。

我想在家里饲养黑胡蜂，以便更好地观察它们。养虫这种事对我来说太简单了，我已经养过不知多少昆虫了，不谦虚地说，我算是这方面的行家里手吧！但是，我似乎太自信了，后来的结果大大出乎我意料。

我找到黑胡蜂的蜂窝，从蜂房里小心翼翼地把幼虫和食物一起搬到我准备好的“房间”里。可是很奇怪，我尝试了几次，幼虫在新环境里就是不吃东西，直到死去。我很纳闷：这是怎么回事呢？砂泥蜂、飞蝗泥蜂我都养过，从来没有出现过这样的情况。难道是我拆蜂窝时伤到了幼虫？因为蜂窝比较坚硬，用力打开时难免有碎屑掉下来；或者是外面明亮的光线让幼虫受不了？再要么是外面干燥的空气，加速了幼虫体内水分的蒸发，它的身体吃不消了？

为了寻找原因，我真是绞尽脑汁啊！但是尽管我想尽一切办法，在后一次操作中避免了之前想到的问题，但在实验的最后，幼虫还是一离开蜂窝就死去了。

我一时无法找到答案。

当朝一个方向努力山穷水尽时，我被迫改变思路。后来，我猛然想到了另一种可能：前面我说过，黑胡蜂的蜂房里有许多猎物，这些猎物只被蜇了一下，并没有完全被麻醉。当它们的大颚碰到东西时，会下意识地紧紧咬住，尾部受到刺激时，也会卷曲、伸直，甚至轻轻抽打，甚至我曾经在黑胡蜂的蜂房里发现了几只猎物，这些猎物有一半已经化成了蛹。

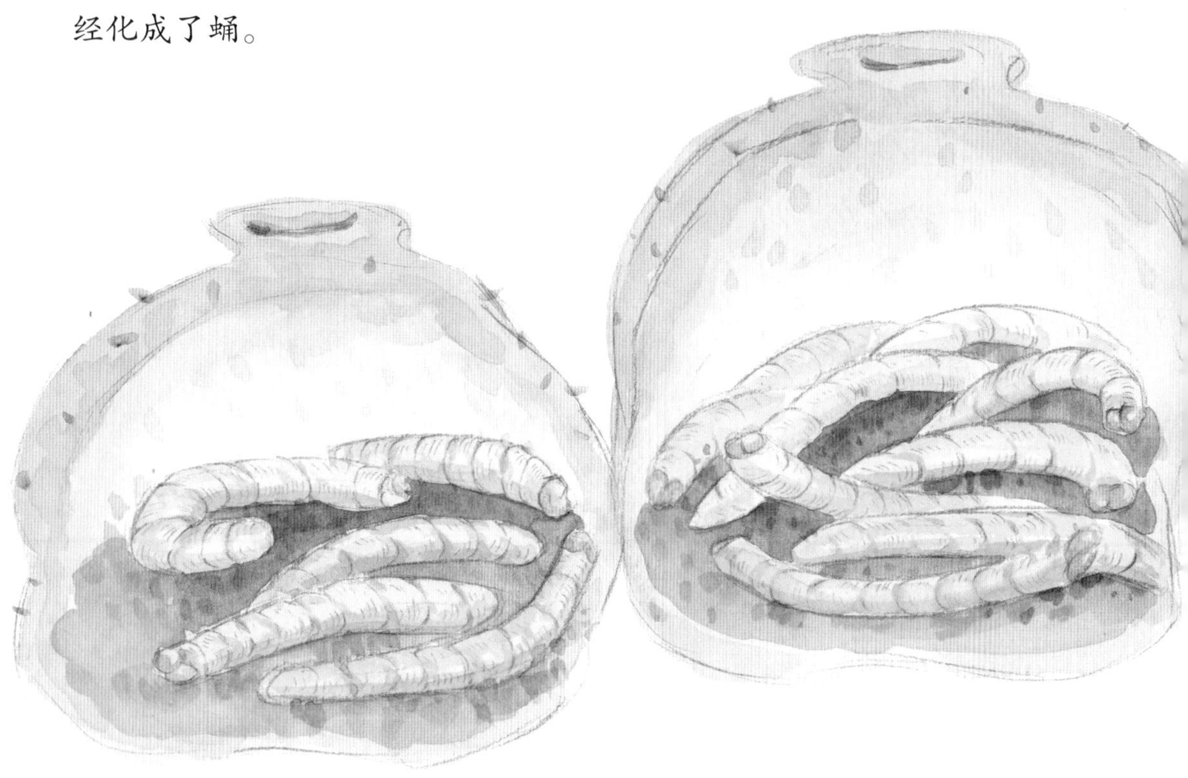

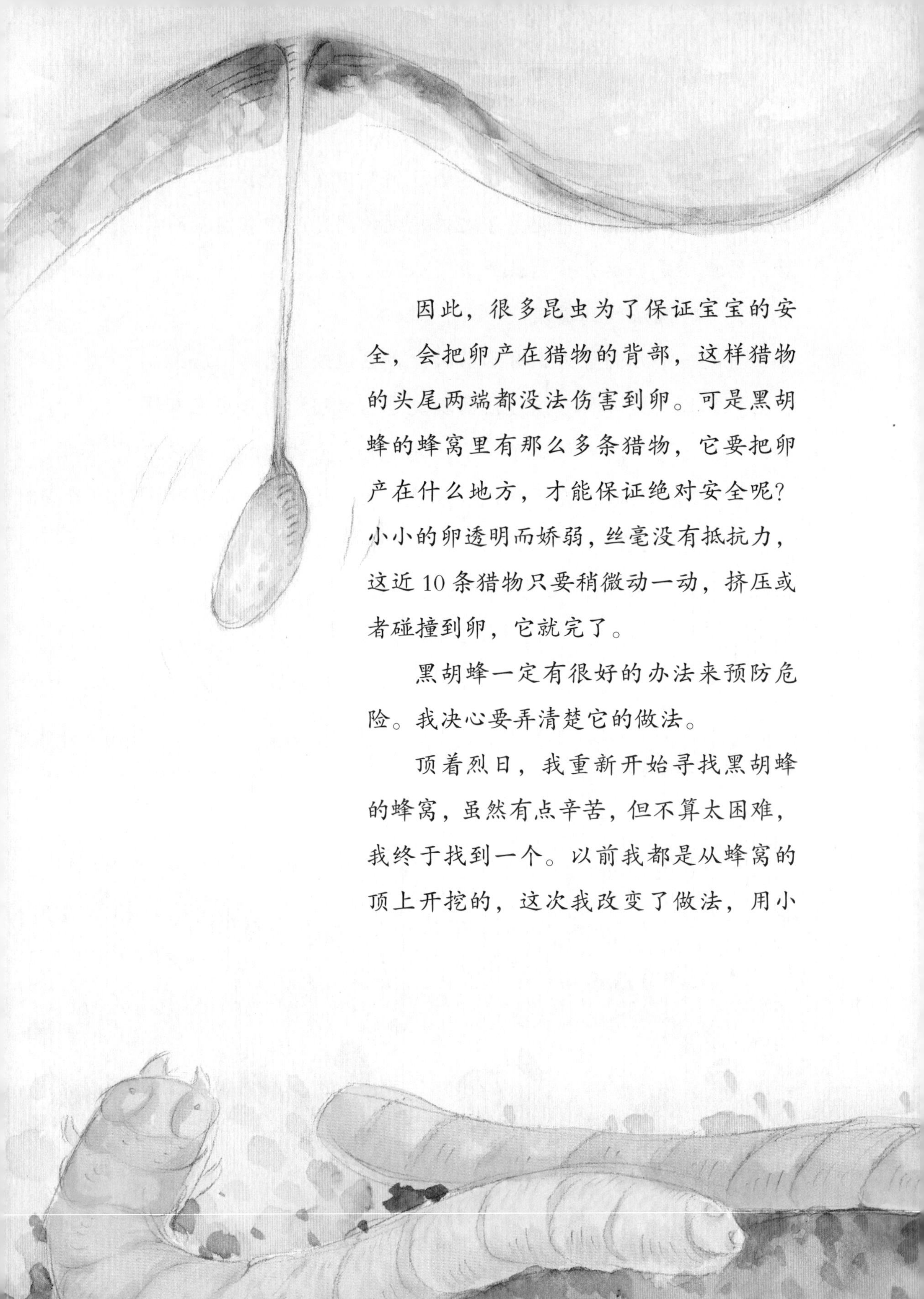

因此，很多昆虫为了保证宝宝的安全，会把卵产在猎物的背部，这样猎物的头尾两端都没法伤害到卵。可是黑胡蜂的蜂窝里有那么多条猎物，它要把卵产在什么地方，才能保证绝对安全呢？小小的卵透明而娇弱，丝毫没有抵抗力，这近 10 条猎物只要稍微动一动，挤压或者碰撞到卵，它就完了。

黑胡蜂一定有很好的办法来预防危险。我决心要弄清楚它的做法。

顶着烈日，我重新开始寻找黑胡蜂的蜂窝，虽然有点辛苦，但不算太困难，我终于找到一个。以前我都是从蜂窝的顶上开挖的，这次我改变了做法，用小

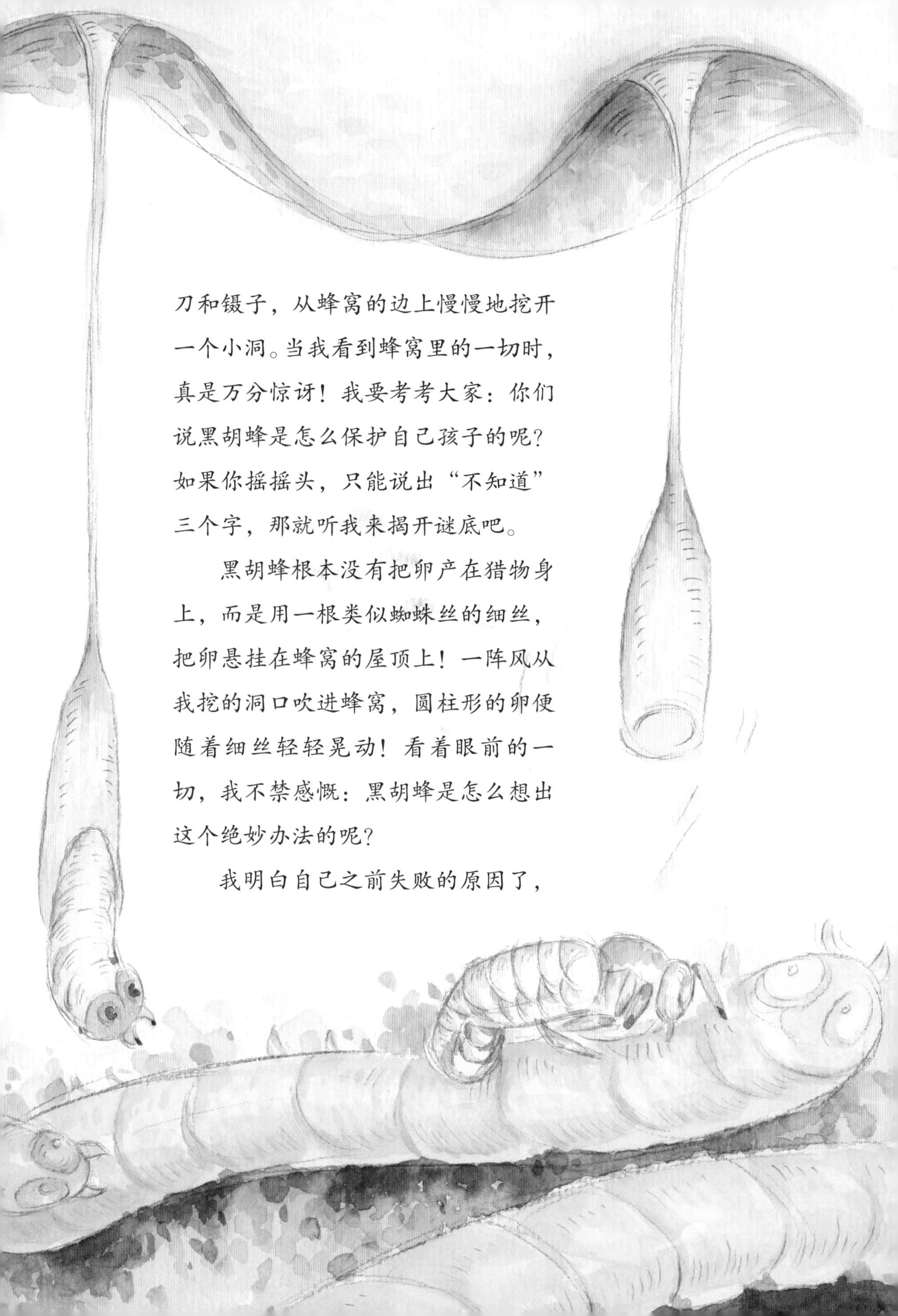

刀和镊子，从蜂窝的边上慢慢地挖开一个小洞。当我看到蜂窝里的一切时，真是万分惊讶！我要考考大家：你们说黑胡蜂是怎么保护自己孩子的呢？如果你摇摇头，只能说出“不知道”三个字，那就听我来揭开谜底吧。

黑胡蜂根本没有把卵产在猎物身上，而是用一根类似蜘蛛丝的细丝，把卵悬挂在蜂窝的屋顶上！一阵风从我挖的洞口吹进蜂窝，圆柱形的卵便随着细丝轻轻晃动！看着眼前的一切，我不禁感慨：黑胡蜂是怎么想出这个绝妙办法的呢？

我明白自己之前失败的原因了，

当我从顶端打开蜂窝时，卵就掉到了食物上，尽管我小心地把它端回了家里，可是身处如此“险境”，卵无论如何也不可能安全孵化出来。

我拿出耐心，准备观察黑胡蜂宝宝孵化出来以后，如何从高高的屋顶上下来进食。这颗卵很快孵化完成了，幼虫用尾巴倒挂在屋顶上，在第一根细丝外，这时又有了一根带子。幼虫准备进食了，我目不转睛地盯着它。只见它头朝下，顺着带子下滑到猎物身边，在猎物软软的肚子上寻找下口的地方。突然，猎物受到刺激动弹起来，幼虫立刻顺着带子末端的一节通道，往上撤回安全地带。这条通道其实就是幼虫的卵壳，在孵化时被拉长了，成了一条安全通道。

黑胡蜂宝宝就借助这根安全吊绳，想吃东西时就“从天而降”，遇到危险时就赶紧撤退，一天天顺利成长。那些猎物因为被麻醉的时间太长了，越来越虚弱，而黑胡蜂宝宝却越长越健壮。到了某一天，当黑胡蜂宝宝自认为已经足够强壮时，就会把带子抛在一边，跳下来直扑猎物堆，在那里痛快地开吃，最终长大。

如果你是黑胡蜂，还能想出比这更聪明的办法来吗？

随遇而安的巨无霸——土蜂

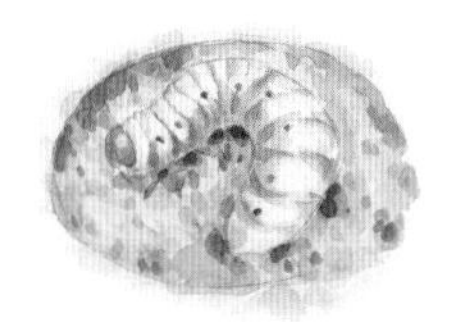

在蜂类的世界里，论体型大小，土蜂绝对是首屈一指。就拿生活在我家乡的花园土蜂来说，它的身体长 4 厘米，一对翅膀展开后足足有 10 厘米，实在够大吧！仗着“人高马大”，土蜂很容易就能让木蜂、熊蜂这些看似凶猛的家伙俯首称臣。

土蜂这么大的个头，很多人乍一看到都会发怵，我第一次看到土蜂时，也是这种感觉，所以虽然对它充满好奇，但根本不敢招惹它。要知道被小小的胡蜂蜇一下皮肤都会又红又肿，要是被“巨无霸”土蜂的针扎了，大概会鼓起拳头大的包吧？

后来观察的事实证明，土蜂其实没那么厉害。它虽然个头硕大，但是行动迟缓，反应也很慢，只要你稍加小心，就能避开它的螫针。此外，土蜂螫针的威力和体型也一点儿都不成正比，即使被它蜇了，也只会有微微的痛感，几乎可以忽略不计。再说土蜂的螫针可不是用来蜇人的，那是它捕猎的武器，不到迫不得已，土蜂才不会主动攻击人呢。

在我的家乡，还有其他几种土蜂，比如双带土蜂、沙地土蜂等，其中沙地土蜂的体型相对较小。这天，我扛上一种叫“卢切”的挖掘工具，准备到家附近的伊萨尔森林里寻找土蜂。随身的袋子里除了大大小小的瓶子、盒子、小铲子等，我也没忘记带一把大伞，现在可是最热的季节，我得尽可能躲开毒辣辣太阳的直射。

我在林子里的一片沙地上停下了脚步，这里有浓密的橡树丛，成堆的落叶覆盖着松软的土层，应该是土蜂喜欢的生活环境。不久，陆续有双带土蜂飞来了，有十几只。我一眼就能看出它们是雄蜂。这些雄性土蜂几乎贴着地面来回飞舞，有的还停在地上，用触角拍打着地面。它是在休息，还是想探索土层下面的秘密？

我不知道这些土蜂的目的，所以只能静静地继续观察。它们肯定不是在寻找食物，因为旁边的刺芹长得正茂，娇嫩的花朵里的蜜汁是土蜂的最爱，它们没必要在地面上白费力气。

哦——我终于发现原因了，原来雄蜂这么急切，是在等待雌蜂破土而出呢！地下的雌蜂从茧里出来以后，马上就会爬出地表，这时许多雄蜂就赶紧迎上去，希望获得雌蜂的好感。最后的胜利者是谁我暂时没法关心，因为一天的观察不得不结束了。

后来我又几次来到这里，每一次看到的都是这样的画面，先孵化出来的雄蜂总是守候在雌蜂的“产房”外，希望第一时间成为被选中的“新郎”。

这天，当一只雌蜂在我眼前钻出地面后，我立刻开始挖掘，因为我想知道雌蜂在地下生活的秘密。大约挖了一立方米的土，我才有了一点点收获——找到了一个雌蜂留下的破了壳的茧，茧的两边还粘着一层薄薄的表皮，看起来像是金龟子的幼虫。但因为树根、湿气对它破坏严重，我还不敢完全肯定。

工作了一天，我已经筋疲力尽了，唯一的收获就是那个裂开的茧和模糊难辨的表皮。如果是你，会作何感想？但我还是很满足的。

既然挖开了土蜂的家，就让我带大家参观一下吧。土蜂和其他会自己筑窝的蜂类不同，它没有固定的居所，想到地下去了，就随便选个地点，三下五除二地挖下去。只要不是土质特别坚硬的地方，土蜂都能来去自如，因为它的脚和大颚足够坚硬。土蜂家里的通道纵横交错，基本是圆柱形的，最深的通道可达半米。这些通道没有通往地表的出口，难道只是土蜂

没事时在地下散步用的？

当然不是！经过观察，我弄明白了，土蜂之所以在地下挖那么多通道，是为了四处寻找食物：金龟子的幼虫！

尽管我可以肯定地说，金龟子的幼虫就是土蜂的食物，但是我多次挖掘获得的，都是已经裂开的虫茧和干枯的猎物表皮，我多么希望能找到土蜂刚刚放置的新鲜猎物，以及未孵化的虫卵或者幼虫呀！

所谓踏破铁鞋无觅处，得来全不费工夫。8月的一天，我决定把院子里的一堆落叶和泥土清理掉，于是法维埃帮忙用铲子往独轮车里装土。突然，他惊喜地大叫：“先生，快来看！大发现！”我跑过去一看，只见在新翻开的土里，有许多雌性双带土蜂，它们正忙碌着，而土里面有许

多金龟子，尤其是一种叫花金龟的，数量最多，从孵化好的成虫到幼虫、蛹，应有尽有。不过，现在土蜂还没开始产卵，最佳产卵期是9月，这次的挖掘有些惊扰到它们了。我决定放弃搬迁土堆，让双带土蜂继续在这里生活，而且我还增加了土堆的厚度，以便更多的土蜂来这里安家落户。

一年匆匆而过，来年8月到了，我看到成群的雄土蜂飞舞而来，等待雌蜂们出土。当它们一对对完成婚配以后，雌蜂们回到地下，准备产卵了。到了9月2号，我记得非常清楚，我的儿子埃米尔帮我在土堆上挖掘，我则在一边仔细观察。

看到了！只见在翻开的土块间，有许多花金龟幼虫，它们的肚子上都贴着一只土蜂幼虫。当土蜂幼虫饿了，就把头伸进花金龟幼虫的肚子里，一顿饱餐，有的花金龟幼虫已经被吃得只剩下薄薄一层干枯的皮了。为了进一步观察，我找来一只浅浅的、大开口的玻璃瓶，在里面铺上一层沙土，小心地把猎物放了进去。

现在，我就来说说后来饲养和观察的结果吧：花金龟幼虫在土里没有专门的窝，它们随意地呆在土里，而土蜂也没有建造住所的手艺，它们世代秉承随遇而安的原则，在土壤里四处挖掘，一旦发现合适的花金龟幼虫，就用螫针把它麻痹，然后将卵产在猎物的肚子上。土蜂产卵后便离开了，而花金龟幼虫的肚子，就成了土蜂孩子们最初的“家”。

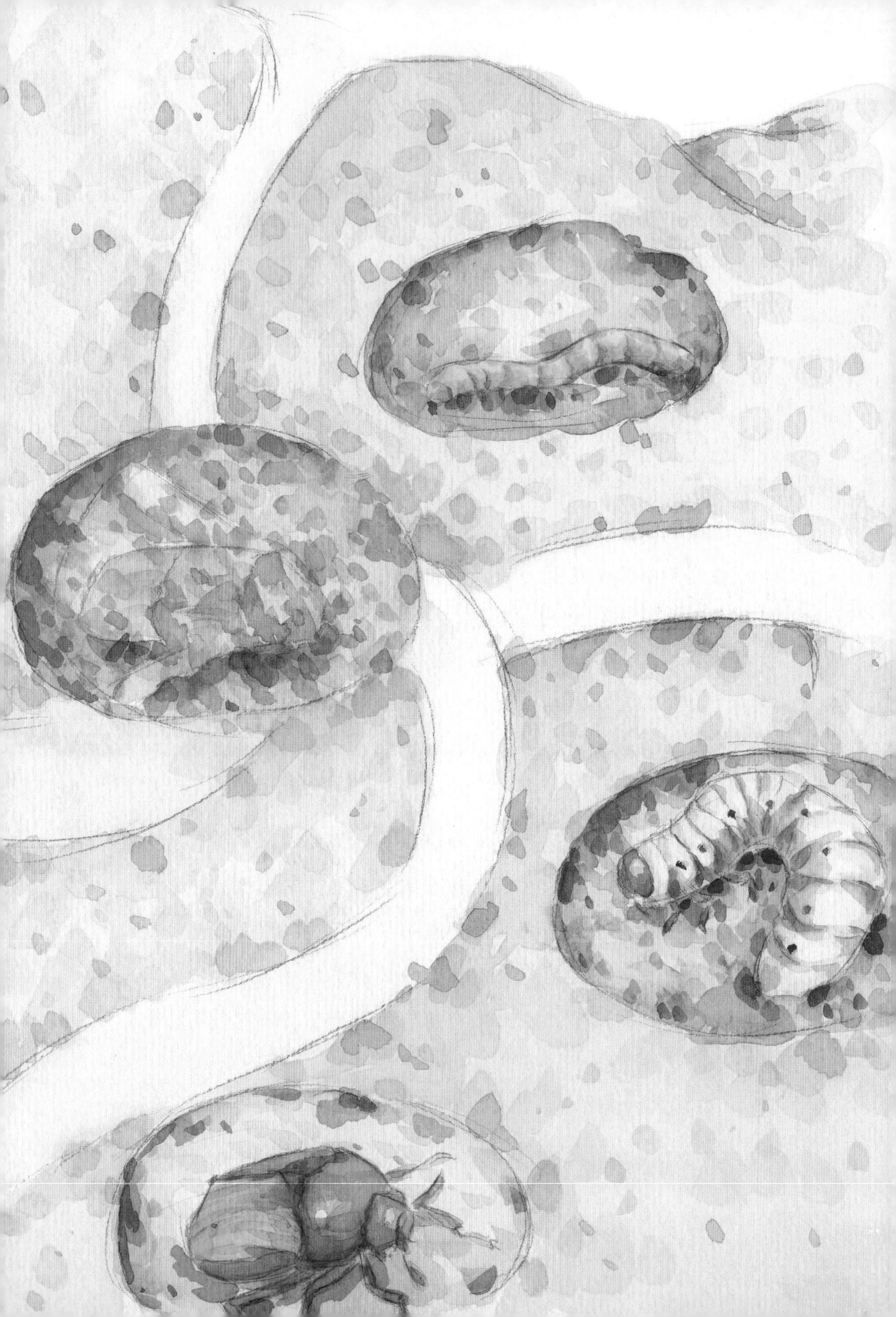

吃活食的土蜂幼虫

我曾经在玻璃瓶中饲养过雌性土蜂，并观察了它们的产卵过程。土蜂的卵没什么特别，就是白色的圆柱形，大约4毫米长。土蜂妈妈总是把卵产在花金龟幼虫腹部的正中。

当土蜂幼虫开始孵化，它的头就紧紧贴在原来卵的位置上，并从那里开始啃咬。刚出生的土蜂幼虫非常弱小，它要花费一天的时间，才能咬破猎物的皮肤，然后一点点往里面吃。因为猎物已经被土蜂妈妈实施了麻醉，所以土蜂幼虫并不担心，只管埋头吃喝，以便快快长大。

有趣的是，土蜂幼虫从开始进食起，就不肯把脑袋从猎物身体里抽出来了。因为在猎物的身体里越钻越深，所以土蜂幼虫的脖子不得不越伸越长，最后变得简直像根细丝了。而它身体的后半部分一直留在外面，所以看起来还是胖胖的。想象一下土蜂细脖子胖尾巴的模样吧，俗话说环境能改变人，看来昆

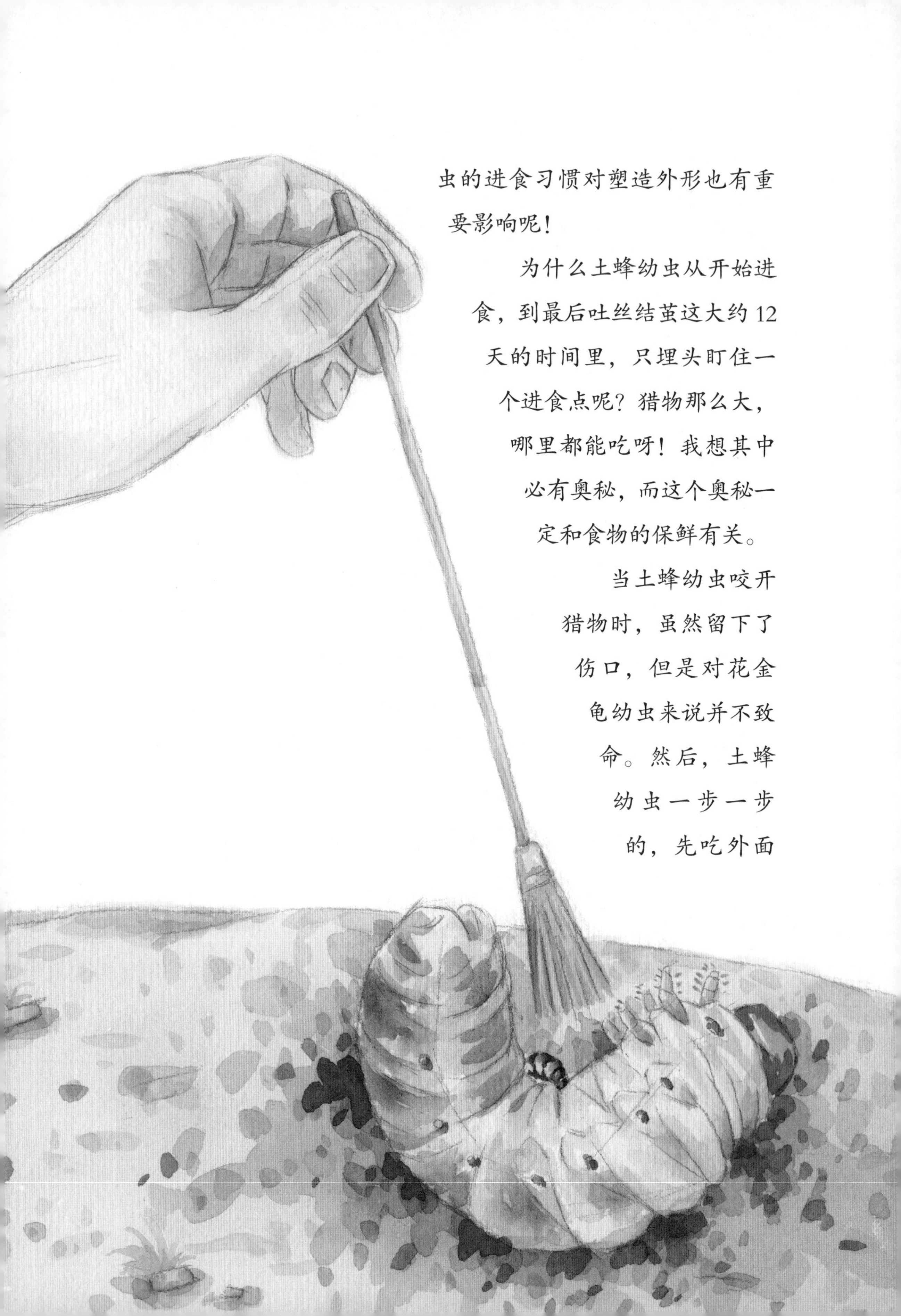

虫的进食习惯对塑造外形也有重要影响呢！

为什么土蜂幼虫从开始进食，到最后吐丝结茧这大约12天的时间里，只埋头盯住一个进食点呢？猎物那么大，哪里都能吃呀！我想其中必有奥秘，而这个奥秘一定和食物的保鲜有关。

当土蜂幼虫咬开猎物时，虽然留下了伤口，但是对花金龟幼虫来说并不致命。然后，土蜂幼虫一步一步的，先吃外面的肉，再吃内脏，猎物虽然经受着痛苦的折磨，但还是活的，所以不会腐烂。直到最后，猎物被吃得差不多了，而土蜂幼虫也要开始结茧了，它才向猎物最致命的器官——神经中枢、气管等发起进攻……

土蜂幼虫必须严格按照上面的流程来进食，才能保持食物始终新鲜吗？能不能有所改变呢？我只能通过实验来寻找答案。

我设想的第一种情况是，假如花金龟幼虫一开始就遭到了致命打击，保鲜结果如何？我用一根针做手术刀，小心翼翼地取出了花金龟幼虫的神经中枢，它立刻死去了，但是身体其他部分看起来完好无损。我把这只花金龟幼虫放在土蜂幼虫正在食用的猎物旁边进行对比。一天天过去，那只死去的花金龟幼虫变成了腐败的褐色，而几乎被土蜂幼虫吃掉了一大半的猎物，却依然有微弱的生机，保持着鲜活柔嫩的模样。

第二种情况，如果破坏土蜂幼虫的进食点，又会发生什么呢？

我找到了一只发育中的土蜂幼虫，费了好大的劲儿，把它的脑袋从猎物身体里弄了出来，接着把花金龟幼虫的身体翻过来，让土蜂幼虫的嘴巴对着猎物的背部。只见土蜂幼虫的头四处小心地触碰着，似乎在寻找下嘴的地方，但又一直没有行动。

我想，只要它饿极了，总会开始吃的吧。第二天，土蜂幼虫更加焦躁不安，它照旧四处忙活，但依然没有下口。这是什么原因呢？花金龟幼虫背部的皮肤和肚子上的一样柔软，况且它刚出生时就能咬破猎物的皮肤，现在肯定更不在话下了！

这绝不是能力问题，而是某种顽固的“天性”，使土蜂幼虫拒绝这么做。它也许清楚地知道，如果随意地从背部咬下去，万一咬到关键器官，猎物就会立刻死亡，从而给自己带来灭顶之灾。所以虽然饥饿难耐，它还是不越雷池一步。

既然土蜂幼虫不接受从猎物背部进食的方式，那我还是别勉强它了，我要继续第三个实验，看看土蜂幼虫头部一旦中途离开猎物，还会继续进食吗？实验开始了，被我从猎物肚子里小心抽出的土蜂幼虫有些慌张，但还是开始了摸索，只是很长时间过去，它依旧没把头重新插进猎物肚子里。土蜂幼虫非常谨慎，它知道不仅在猎物的背部有致命点，肚子上也有，如果轻率地咬下去，同样会导致猎物死亡。为了节省观察时间，我用刷子小心地引导土蜂幼虫回到了原来的进食口。瞧，它钻进去了，而且越来越深，直到前面半截身子完全看不见了。

土蜂幼虫的“二次进洞”十分成功，类似的多次实验都没有发生意外。个别失败的案例，可能是人为的行动惊扰了土蜂幼虫，导致它们虽然钻进了进食孔，但啃咬的顺序有些错乱，所以猎物死亡了，土蜂幼虫自己也因腐烂的食物中毒而死。

我的实验还在继续。这次我拿了一只没被麻痹过的花金龟幼虫，用细线把它肚子朝上固定在软木板上，然后用小刀开好进食口，把土蜂幼虫放在进食口边。出于本能，土蜂幼虫很快钻进了猎物的肚子。但两天后，猎物开始变色腐烂，产生有毒的物质，土蜂幼虫吃了以后，同样中毒而死。

经过简单思考，我明白了其中的原委：虽然猎物不能动弹，土蜂幼虫也能正常进食，但是因为猎物没被麻痹，土蜂幼虫的每一次啃咬都会引起猎物的肌肉、器官发生痉挛或颤动，从而影响土蜂幼虫的正常啃咬，最终导致猎物死亡。

那么，用人工手段对猎物进行麻痹，可不可以呢？我用氨麻醉了一只花金龟幼虫的神经中枢，然后同样开了一个进食口，把土蜂幼虫放了上去。开始两天一切都好，我几乎要欢庆人工饲养的成功了！但是好景不长，到了第三天，同样的不幸再次发生——猎物死了，接着土蜂幼虫也中毒死去了。

这次失败该归咎于什么呢？是我的“人工麻醉剂”和土蜂妈妈的毒液有所不同？还是土蜂幼虫的进食太讲究，不能有一点点细微的变化……总之，还有太多太多值得我研究的问题，一下子实在无法说完啊！

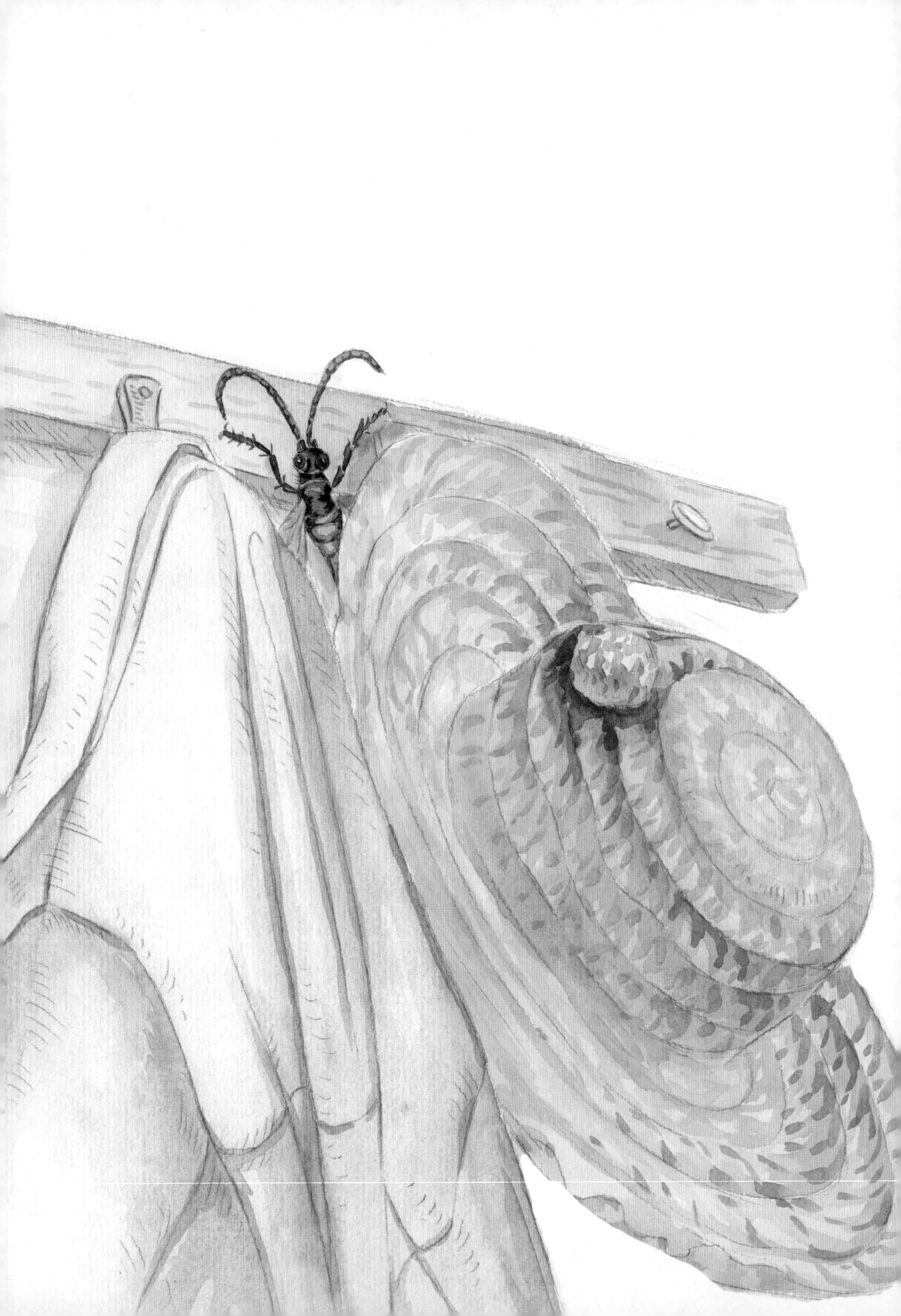

喜欢温暖的长腹蜂

在我们的周围，生活着各种各样的昆虫，其中长腹蜂是特别有趣的一种。它体形修长优美，却天生不爱出风头。虽然经常飞进人们的居所，但总是默默地呆在角落里，不愿引起主人的注意。

说起长腹蜂的生活习性，有个非常明显的特点，就是喜欢温暖。当炎热的夏天来临，知了热得在树上不停地大喊大叫时，长腹蜂却特意晒在太阳下面，感觉格外舒服。而且长腹蜂之所以会光临人类居住的房屋，其实也是想找个暖和的地方安家。

每年的 7~8 月，是长腹蜂准备筑巢、产卵的季节，它四处寻找合适的地方，如果看到一间被烟火熏得黑乎乎的房间，里面还有个宽大的壁炉，长腹蜂立刻就会满意地留下来。因为它知道，到了寒冷的冬天，这间屋子的壁炉里会燃起明亮的火焰，房间里会暖暖的，自己的宝宝们在巢里就不用担心挨冻了，要知道它们更怕冷呢！

那么，长腹蜂飞进房间以后，一般会选择什么地方筑巢呢？也许是黑乎乎的天花板四角，也许是横梁的僻静处，总之都是些不引人注目之处。而长腹蜂最爱的地方，还要数炉膛的内壁和烟囱里。是不是觉得很奇怪？炉膛和烟囱里看起来不是什么舒服的地方啊，烟熏火燎，充满了危险。但是对长腹蜂来说，烟熏火燎没关系，这里有它最看重的条件：暖和。

也许你会担心，在炉膛或烟囱里，会不会被火烧到？放心，长腹蜂很聪明，它会很好地选定筑巢的高度。一般距烟囱入口处半米多高的地方是最佳位置，这里不会被火苗舔到，但又足

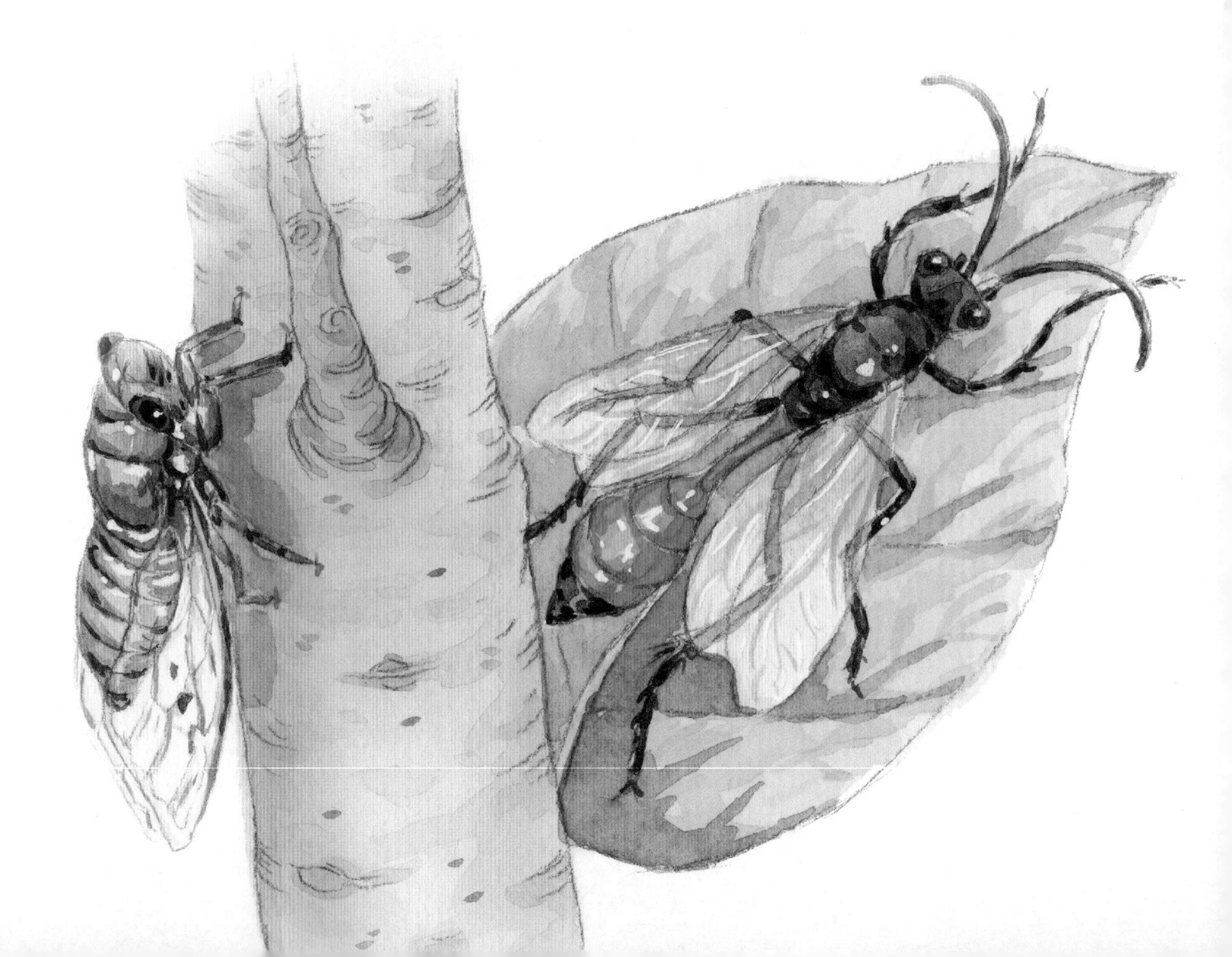

够热，非常适宜长腹蜂幼虫的生长。当长腹蜂选好位置后，就飞出去寻找建材，它一次又一次，带着一团团泥巴回来，在人们根本没留意的空当儿，它就把巢筑好了。

如果长腹蜂选择在炉膛或烟囱里筑巢，有时会因意外情况而被耽误工期。比如主人家那天正好要洗衣服，于是从早到晚不停地烧水，为了让锅里的水一直保持沸腾，还要不停地往炉子里加各种木屑、树枝、树叶等，结果浓烟和蒸汽弄得长腹蜂根本没法接近筑巢点。要知道它很快就要产卵了，房子没造好，长腹蜂心里有多着急啊！

烟囱里的蜂巢筑好后，由于常常被烟火熏烤着，很快就会变得黑乎乎的，乍看就像一小团泥灰没抹平，谁会想到那是长腹蜂给自己宝宝建的安乐窝呢！

曾经偶然有一次，我在自己家的壁炉里发现了一只长腹蜂。我很想看它工作，并希望得到一个完整的长腹蜂蜂巢。于是我减小了炉子里的火势，尽量不产生浓烟，以便长腹蜂工作。果然，那只长腹蜂很快筑好了巢，满足了我的愿望。

在这之后的40多年里，再也没有其他长腹蜂到我家里来安家落户。

为了继续研究长腹蜂，我冬天时四处收集它们的蜂巢，然后小心保存着，希望等夏天到来、长腹蜂幼虫出生后，可以尽情观察它们。谁知令人失望，长腹蜂不像石蜂那么恋旧，幼虫们出生后对自己的诞生地毫不留恋，有的隔三差五才回来一次，有的索性就一去不返了。

我总结了一下自己“留客”失败的原因，很可能是长腹蜂不喜欢我家的样子。虽然我住在乡间，但和其他农人简陋幽暗的房屋相比，我的屋子显得太白太整洁了，长腹蜂不喜欢这样的地方。

我想知道长腹蜂安家的地方，温度有多高，于是在壁炉内侧的蜂巢边挂了一个温度计。在壁炉里火焰强度中等的情况下，温度显示是35℃~40℃，不过壁炉里日夜温度变化比较大，所以我来到缫丝厂的发动机房，这里的天花板上住着许多长腹蜂，我再次测量温度，显示为49℃，这里几乎常年恒温。我选择的第三个地方是乡村的蒸馏厂，这里很安静，而且有热热的锅炉，所以吸引了成千上万只长腹蜂，几乎到处都有它们的蜂巢，包括账簿上。这里的温度显示为45℃。由此可见，长腹蜂幼虫可以在四十多摄氏度的高温下生存。我们感觉难以忍受的酷热，对于长腹蜂幼虫来说，却是存活的必需条件。

刚才说到，在乡村蒸馏

厂里，到处都是长腹蜂，这是因为它筑巢对基座毫不讲究，随便什么地方都可以。除了之前说过的壁炉、烟囱内壁、房梁等，有一次长腹蜂还钻进农夫装铅弹的葫芦里，在铅弹上筑了巢。

虽然我热烈欢迎长腹蜂到我家做客，但并不是人人都喜欢它。当农夫们从田间回来，在桌边吃饭、休息时，常把外套、帽子挂在墙壁上。就在这短短的时间里，长腹蜂居然看中了这些地方，在帽子和外套上筑起巢来。当农夫们离开饭桌准备起身干活时，往往会拍拍帽子、抖抖衣服，这时就会有一些橡栗大小的土粒掉下来。如果你仔细看，会发现这些竟然是刚开始施工的长腹蜂蜂巢！

当我听到女厨子抱怨，说那些胆大妄为的“苍蝇”（很可惜她不认识长腹蜂，把它当成了苍蝇）总是在衣服、窗帘上留下污渍，实在太讨厌时，我的心里却充满了羡慕。我多么希望长腹蜂可以在这里自由活动啊！哪怕把所有的地方都弄上泥团，我也情愿，那样我就可以如愿观察到在飘动的窗帘上，长腹蜂的蜂巢是否能安然无恙。

最后，让我们来看看长腹蜂筑巢用的材料吧。我曾经从长腹蜂那里“偷”了一小团泥块来观察，那是最普通的软泥团，没有添加任何特殊材料，所以经不住风雨侵袭。只要往长腹蜂的蜂巢上洒一点水，蜂巢就会一点一点地变软，最后变成一堆稀泥。难怪长腹蜂喜欢悄悄在人们的房屋里筑巢，因为这里能遮风避雨，是最好的庇护所啊！

不会纠错的本能

在正式开始今天的话题之前，我先来说说观察这件事吧。在对昆虫的研究中，观察无疑是非常重要的，它看似简单，其实十分辛苦，经常需要在烈日下一呆就是半天。有时虽然花费了许多时间，却仍然一无所获……

尽管观察必不可少，但是仅靠观察又远远不够，因为面对看到的现象，我们的脑子里免不了会受到固有观念的影响，从而在解释这种现象的原因时，出现一些人为的偏差。这时，就应该设计一些实验，通过多次、全面的实验，将昆虫在通常情况下无法表现出的特点完全显露出来，这样研究才能更深入，得出的结论也更有意义。

接下来，就让我通过两个实验，一方面展示一下长腹蜂的生活习性，另一方面再看看它面对我的人为干扰，会产生什么有趣的反应。

这天，我看到一只长腹蜂经过辛苦的劳动，终于把蜂房造好，然后满意地飞出去捕食了。不久，长腹蜂带着猎物——蜘蛛飞了回来，它把蜘蛛放进蜂房里，并随即在蜘蛛身上产下了一个卵。接着，长腹蜂再次飞出去寻找食物，它要给幼虫准备充足的口粮。

我的第一个实验，就是跟这只长腹蜂捣捣乱——趁它不在，我赶紧把蜘蛛和卵一起从蜂房里取了出来。我想，如果我只拿走卵，说不定因为卵太小，长腹蜂很难发现有什么异常。现在连蜘蛛也不见了，它总不会视而不见吧？当长腹蜂回来面对空空的巢穴，会采取什么行动呢？我非常好奇。

答案很快揭晓了。长腹蜂嗡嗡地拍打着翅膀，带着第二只蜘蛛回来了。它将蜘蛛放进蜂房里，就像什么也没发生过似的，连一丝表示奇怪的犹豫都没有。它又出去找第三只蜘蛛了，而我趁机又将第二只蜘蛛悄悄地拿走。就这样，长腹蜂一趟又一趟，带回了第三只蜘蛛、第四只蜘蛛、第五只蜘蛛……但我都提前把蜂房给清空了。整整两天时间，我坚持做着“劫掠者”，而长腹蜂也不管不顾地反复进进出出，一直到带回了第二十只蜘蛛，它似乎累坏了，或者是自以为蜂房里粮食应该足够了，便停止外出捕猎，认认真真地把蜂房封了起来。

看到这里，是不是觉得很好笑？长腹蜂怎么会无视这么大的变故呢？用不着奇怪，其实这种情况在昆虫里很普遍。以前的实验中，我也曾经把石蜂蜂房里的蜜汁一次次地拿走，那时石蜂同样表现得“毫无察觉”，依然在空空的蜂房里产好卵，封好蜂房，然后开开心心地飞走了……

如果说石蜂蜂房里还残留着蜜汁的香味，让嗅觉比触觉更灵敏的石蜂因此犯了错误，那么长腹蜂蜂房里的蜘蛛被拿走后，几乎不再有任何味道，为什么长腹蜂也会犯同样的错误呢？是因为它们在本能的支配下，只会这么“死板”地照流程做吗？为了探索这不合逻辑的行为，我又做了第二个实验，结果同样令人吃惊。

长腹蜂和其他很多同类一样，在筑巢完成后，会用粗糙的泥巴涂抹蜂巢的外壁，以便加固蜂巢，也更防风防雨。有一次，我偶然遇到了一只长腹蜂，它在墙上筑了一个巢，并开始对蜂巢进行外部粉刷。这时，我有了一个“坏主意”：把它的蜂巢拿走，看它会有什么反应。

说干就干，我把蜂巢抠了下来，墙上只留下一团泥巴的轮廓，上面带着少许泥巴。长腹蜂回来了，它带着粉刷用的泥团，看看原来蜂巢的位置，没有一点儿奇怪和犹豫，立刻把小泥团往墙上一贴，开始涂抹。它肯定以为自己是在粉刷蜂巢呢！

我在一旁观察了很久，只见长腹蜂往返飞了30多次，每次都带一团泥巴回来，认认真真地把它涂抹在蜂巢的位置上。它似乎对蜂巢的位置记得特别牢，从来不会搞错地方，但是对蜂巢的形状、外观却毫无感觉，即使蜂巢不见了，它也一副无所谓的样

子，继续在原地不停地工作。两天后我再来观察时，长腹蜂的工作已经完成了，墙上的泥巴涂层厚厚的，就像一只筑好的蜂巢。

从上面的两个实验中，可以得出什么结论呢？如果说出于对昆虫的喜爱，给它们留些情面，那么我倒是愿意说它们是因为太粗心大意了，没发现情况发生了变化，所以犯了错误。但是，无论我多么想为昆虫辩护，事实却根本不是这样，在我做过的所有昆虫实验中，当它们固有的工作进程被打乱后，反应都和长腹蜂一样，不会应对变故，即使接下来做的事情无效或有害，也要继续做下去，真的非常可笑。

昆虫的各种行为，比如筑巢、织网、捕猎、麻醉猎物等，其实并没有什么计划性，它们是凭着本能进行这些无意识行为，也不知道自己使用的方法有什么好处，这样做到底是为了什么。它们只知道一定要完成这个流程，一点也不会从外界的变化中总结经验教训，所以怎么可能主动改正错误呢？它们的这些无意识行为恒久不变地世代相传，就像婴儿天生要吮吸乳汁一样。

那么，是什么在驱动这种本能呢？我认为是满足感。昆虫能把每项工作都做得很好，但那不是它们有意识要做的，只是完成这些工作后强烈的满足感，促使它们不畏辛苦地去做，即使我施加的种种破坏，已经让这项工作变得毫无意义。

唉，强大的本能，既能让昆虫完成令人惊叹的杰作，也会在特殊的情况下，让它们犯下极其可笑的错误。

树莓桩里的居民

在我居住的地方，有许多树莓，人们常用它来做篱笆。树莓生长速度很快，不多久，长长的枝桠就四处伸展，于是农夫们闲暇时就用剪刀把它修剪一番。剪下来的树莓枝干、桩头干枯以后，成了许多昆虫理想的居所。我常常在冬天切开这些树桩，观察住在里面的昆虫宝宝，你别说，一共发现了 30 多种呢！

这些昆虫之所以选择树莓桩安家落户，是因为桩头处有切口，不费力气就能挖进去，而且树莓桩里面的髓质干燥柔软，挖空后住在里面安全又舒服。下面我就像平时做的那样，切开一段树莓桩让大家看个真切——

挖空的树莓桩里，是一条圆柱形的通道，昆虫们把这条通道隔成一小段一小段，每段里产一个卵，保证将来每只幼虫都有一个单间。在我观察到的所有昆虫中，树屋挖得最精致、规模最庞大的，要数三齿壁蜂。它的树屋直径大约是一支铅笔粗细，深度可以达到我们的小臂那么长。

三齿壁蜂7月开始从树桩顶端往下挖，觉得深度差不多以后，就从底部开始，按照储存蜂蜜—产卵—做隔板这样的工序，一层一层往上进行。壁蜂做隔板的材料是树桩中的髓质碎末，只要用分泌唾液的器官吐出的一种汁液，就能把它们黏合起来，下面一间屋子的天花板就是上面一间屋子的地板。这些屋子每层高约1.5厘米，我看到过最多的有15层。到了最上面一层，壁蜂就用一团灰浆把入口封住，然后永远地离开了。

我之所以选择冬天观察树莓桩里的昆虫，一方面是因为冬天比较空闲，正好可以借此打发时间，另一方面是因为冬天的树屋里，食物已经被幼虫吃光了，而它们还没从茧里出来，所以看得特别清楚。这些虫茧一个一个整齐地排列着，每个都几乎占满整个屋子，连起来看好似一串念珠。最底层屋子里的茧，是壁蜂妈妈最早产下的卵发育成的，越往上产卵的时间越晚。当壁蜂幼虫羽化成型后，都要从树莓桩最上面的封口爬出去，因为侧面的树干和树皮十分坚硬，要从那里出去太困难了，绝对不是明智的选择。

树屋的楼层这么多，每间又这么狭窄，这让我不由产生了一个疑问：既然所有的壁蜂最后都必须从上面的入口离开屋子，而最下面的卵又是最早产下的，它一定会第一个破茧羽化完成吧？那它怎么出去呢？上层的屋子被茧填得满满登登，

根本无路可走呀！除非它不管不顾地咬开这些茧，给自己开辟出一条道路。但那样的话，恐怕这些树屋里没几只幼虫能安全长大，壁蜂妈妈不会那么傻，它也会想到这个问题的。或者，会不会是产卵的时间和羽化出茧的时间正好相反呢？先产的卵反而最后羽化？如果能这样，那么所有的壁蜂就能依次安全出屋了。

听起来这真是个合情合理的推测。大师杜福尔在他的文字中就是这样解释的，大致意思如下：一串茧依次排列在一个木管子里，毫无疑问，最下面的那个是最早产下的卵。按照一般的逻辑，它应该是最早羽化成型的，但是你能想象吗，它居然放弃了“长子权”，耐心地等待着上面的茧先羽化……蜾蠃蜂的母亲不会为了一个宝宝牺牲其他的孩子，所以它给宝宝们“定”下了这样的“规则”……最晚产下的卵

会首先羽化并挖开通道，接着倒数第二个、第三个才依次羽化并爬出来……

但是，我最尊敬的老师杜福尔，他基于逻辑倒推回去得出的结论——产卵时间和羽化成型时间正好相反，真的符合事实吗？我不太了解他说的蜾蠃蜂，但我相信这种蜂和我家附近的三齿壁蜂在习性上应该是相近的。我决定对三齿壁蜂进行观察和研究，找出这些兄弟姐妹在羽化顺序上的秘密。

我从一段树莓桩中取了 10 个茧，完全按照它们原来的排列顺序，依次放在一根粗细和树莓桩通道一样的玻璃管里，中间用高粱秆切出的薄片做隔板，将茧一个一个隔开，并在玻璃管外用纸套裹住，保持黑暗。当我要进行观察时，只需轻轻把纸套取下来就可以看清楚了。

到了 6 月底，雄壁蜂首先破茧而出。过去我曾经对壁蜂进行过长达 4 年的观察，所以知道雄壁蜂通常比雌壁蜂要早几天羽化。大约一周后的 7 月初，雌壁蜂也陆续出来了。经过这样每天数回的观察、记录，我可以很肯定地说，同一批壁蜂的羽化时间没有什么从上到下一二三四的规定顺序，第一个破茧羽化的可以是管子里的任何一个宝宝。

大家想想看，同一批卵产下的时间相隔并不长，这么一点点差别怎么可能对漫长的孵化期产生影响呢？这可不是什么精确的数学公式。而且一排卵中，雌雄是随机分布的，所以谁能让它们不顾雌雄之别，硬性按照住宅位置的上下来先后羽化？

为了保证自己的结论无误，我对其他几种蜂也做了这个实验，结果基本相同。杜福尔虽然是我最尊敬的老师，但我还是要说，他关于第一个卵放弃“长子权”的说法完全是主观猜测，并不符合事实！

人们常说，排除了一个差错就等于找到了一个真理。不过如果只是做到这一点，我的实验就太没有价值了，我要在“破坏”了大师的观点之后，继续寻找真相，以此作为对大师的补偿和致敬。所以，请大家继续跟我一起，在下一篇中，看看壁蜂们在羽化时间先后不定的情况下，是如何成功地从狭窄的树莓屋里脱身的吧。

壁蜂的“突围”行动

前一篇里，我们通过实验，证明了同一批产下的三齿壁蜂卵结茧以后，羽化是不受任何次序支配的。面对这个结果，大家忍不住要问：既然如此，那如果是下面的壁蜂先羽化完成，它能先出去吗？如果可以，它又是怎么出去的呢？

别急别急，下面我就通过几个实例，和大家一起来看看，当壁蜂羽化后，是如何从树莓桩通道中“突围”而出的。

我依照树莓桩的结构，用玻璃管给壁蜂建了一个家，里面依次摆放着即将羽化的壁蜂的茧。这些茧和在树莓桩里一样，都是头部朝下的。当第一只壁蜂出来后，不论它位于第几层，都会立刻把头转向上面，把天花板挖个洞——看得出它很想出去。但是，当它看到楼上的弟弟或妹妹还是完整的茧，没有开始羽化，它便停了下来。这只壁蜂愿意再等几天。虽然它只是小小的昆虫，但绝不会为了自己的自由伤害弟弟

妹妹。如果正好邻居也完成了羽化，那它们就会互相串个门儿，甚至交换房间来住住呢！不知道有了相互的陪伴，这两只壁蜂是不是变得更有耐心了呢？其实先羽化的壁蜂不会等太久，因为所有的茧羽化时间都很集中，它们在一周内就会全部完成。

不过，也有一些壁蜂是急性子，实在不愿意等待，于是就拼命啃咬旁边的洞壁，希望把通道扩大一些，好从上面那个茧和洞壁间的缝隙处挤过去。雄蜂的身材比雌蜂小，所以钻过去的概率高一些。但是上面还有好多层房间，壁蜂的力气却越来越小，当它实在没力气时，只能停止行动，留在原地。就我的观察来看，急性子中倒也有个别幸运儿，能够成功穿过很多层房间，钻出树屋外。

俗话说，天有不测风云。树莓桩里也会出现意外，比如：上一层的幼虫不幸在茧中死去了，没吃掉的黏稠蜂蜜结成了一个“塞子”，紧紧堵住了出口，下一层的壁蜂根本无法咬开，那怎么办呢？在一些树莓桩上，我发现除了顶部有一个正常出口，在树桩侧面也有一个或者两个洞，大家猜猜看这是为什么？对了！这就是壁蜂从侧面突围时留下的。我切开树莓桩，发现这些侧洞上方的蜂房，就像刚才说的，都被蜂蜜“塞子”堵死了，没法通过，当下面的壁蜂发现情况不妙后，赶紧千辛万苦挖开一条侧面的通道逃生。

我做了类似的封堵实验来验证观察结果，在 20 只被困的壁蜂中，有 6 只从侧面凿洞爬了出来，其余 14 只看得出也曾努力啃咬过，但很遗憾，可能因为力气不够，它们没有成功——树莓桩侧面的树干和树皮十分坚硬，并不好咬，所以不到万不得已，壁蜂是不会冒险选择这条路的。

接下来我还想看看，如果挡住壁蜂道路的是一只同伴的死茧，或者虽然是活茧，但那是意外混入的其他昆虫的茧，壁蜂会怎么做呢？

结果很快出来了：面对同伴的死茧，羽化完成的壁蜂几

乎没有任何犹豫，立刻发起进攻，咬破这些茧从中间穿行而过。在它看来，死茧就和隔板这类障碍一样，完全不用顾忌。但是，壁蜂是怎么判断那是死茧的呢？我还无法回答。

如果头顶上是其他昆虫的茧，壁蜂同样毫不留情，它用大颚把茧和里面的幼虫咬得粉碎，然后大摇大摆闯了过去。唉，一个对自己的弟弟妹妹毫发不伤的壁蜂，遇到“别人家的孩子”，竟然这么无情！

为了对壁蜂的出洞习惯有更全面的了解，我还要跟壁蜂玩一些小把戏，看它们会怎么应付。首先，我把树桩的开口朝下放置，并把原本都是头朝下的茧，打乱了方向——有的头朝上，有的头朝下，有的头和头相对，有的尾和尾相对。实验结果基本一样：羽化后，如果壁蜂的头朝下，它们首先

会把头转向上面，然后开始咬天花板。壁蜂之所以会这么做，应该是受到了地心引力的影响，地心引力让壁蜂知道，自己的方向颠倒了，应该立刻纠正错误。但是，因为上面并没有出口，最后它们都挤在最上面一截，死掉了。

不过，也有个别壁蜂会直接向下面前进，但很少有成功突破的。因为一来壁蜂不善于朝和平时相反的方向走，二来向下挖掘的话，抛向身后的碎屑在重力作用下又会落到原地，这样一来壁蜂不停地做无用功，很快就累得筋疲力尽，失去了信心。对于那极个别的成功者，我要特别补充一点，它们基本都是住在最下面一层、离出口处最近的壁蜂，它们羽化后会毫不犹豫地向下走，并成功爬出来。

为什么这几只壁蜂如此聪明呢？根据通常的规律，感受到地心引力后，壁蜂肯定会选择往上走呀！最下层的壁蜂怎么改变了习惯呢？我想，影响它们行动的应该还有一个因素：外面流动的空气——它们感知到了，所以放弃了地心引力的指引，首先听从了空气的召唤。

为了证实空气对壁蜂出洞行为的影响，我做了一个实验，把一个两头都有开口的玻璃管水平放置，里面放了10个茧。当这10只壁蜂羽化后，地心引力对它们来说失去作用了，它们接下来会怎么做？瞧，太有趣了，右边的5只选择从右边的出口爬出，左边的5只则从左边的洞口出来。它们丝毫没有犹豫，一出生就坚定地选择了一半向左，一半向右，各走一边。如果茧的数量是单数，那么最中间的一只壁蜂就会随便选择往左还是往右，因为对空气的感受和花费的力气是一样的。如果玻璃管只有一个出口，那么所有的壁蜂都会从那里出来。

空气虽然看不见、摸不着，但是它有压力，有湿度，就像阴天我们会感觉很闷一样，树屋里的昆虫也能敏锐地觉察出：一边的房间数量比另一边少，来自两边的空气感觉是不一样的！于是，它们选择了最省力、能最快接触到空气的方向出洞。

不得不说，神奇的大自然给了壁蜂一项了不起的本领啊！

昆虫家族里的寄生虫

每年的八九月间，我家附近的山坡上、沟渠里，到处骄阳似火。不过这些地方虽然闷热难当，却是各种蜂类的乐园。瞧，它们有的忙着捕捉象虫、蝇虫等猎物，有的在一趟趟囤积蜂蜜，真是一派繁忙热闹的景象。如果你仔细观察，就会发现在这些辛勤的劳动者中，混进了一些不怀好意的“寄生虫”，它们这里逛逛，那里看看，随时准备找机会实施自己的“寄生计划”。

唉，不得不说，被寄生虫盯上的小家伙们真够倒霉的。它们辛辛苦苦地筑窝、储食、产卵，可是最后却被寄生虫无情地抢走了房屋，劫掠了后代，霸占了财产！

看那边，有一个身体上分布着黑、白、红三种颜色的家伙过来了，它是谁？乍一看就像只大蚂蚁！原来是蚁蜂！它属于标准的寄生虫。从这只蚁蜂的模样可以知道，它是雌性，刚刚婚配完成，正准备产卵呢！只见它在地面上四处奔跑，显然在

寻找什么。突然，它停了下来，开始用力往下挖，很快就钻进去不见了。知道它去做什么了吗？原来，它找到了一只土蜂幼虫的茧，于是赶紧把自己的卵产在了茧里。这么一来，土蜂幼虫还没长大，就变成蚁蜂幼虫的口中食了。

在寄生虫里，还有一种肉色青蜂，它是非常大胆的家伙，身体颜色半红半绿。你看，有只肉色青蜂盯着铁色泥蜂的家已经很久了，随时准备闯进去。铁

色泥蜂回来了，它打开门要进去喂宝宝，就在这时，肉色青蜂迅速跟了进去。它知道，一旦铁色泥蜂离开家，大门就会紧紧关起来，自己别想进去。突然看到尾随而入的肉色青蜂，铁色泥蜂吓坏了，不但不敢上前保护自己的孩子，还乖乖离开了。当我第二天打开铁色泥蜂的窝时，发现里面多了一个红丝状的茧，这是肉色青蜂的屋子，而泥蜂的孩子不见了，只剩下一层薄薄的破皮。

再来看看另一种寄生虫弥寄蝇。我对它太熟悉了，这种灰色的小蝇经常蜷缩在沙土上，看起来似乎在休息，其实，它可不是随便呆在那里的，它正伺机干坏事呢！当铁色泥蜂、大头泥蜂或者节腹泥蜂捕猎归来时，弥寄蝇就悄悄跟在这些蜂的后面。被跟踪者发现了弥寄蝇，于是开始躲藏、转圈飞，一心要摆脱这个讨厌的家伙，可最后还是失败了。就在泥蜂们钻进家门的瞬间，弥寄蝇飞快地冲上去，在泥蜂的猎物身上产下了自己的卵。如此一来，泥蜂宝宝会遭到怎样的命运，不用猜也知道了。

那么，为什么这些昆虫要当“寄生虫”呢？它们为什么不把自己的孩子安置在自己家里呢？是因为懒惰吗？提起寄生虫，我们能想到的第一个词恐怕就是“懒惰”。但是，千万别误会这些寄生虫，为了达到“寄生”的目的，它们非常辛苦，甚至比自己造屋、猎食还要操更多心。看看那只在斜坡上跑个不停的蚁蜂，烈日如火，它不停地钻进钻出，就为了找到一个合适的“寄主”。

高墙石蜂的寄生虫暗蜂也一样，它看到高墙石蜂筑巢完成后，赶紧上前，要打开蜂巢的外壳，把自己的卵产在里面。但是，高墙石蜂的蜂巢十分坚固，外面涂着一层至少 1 厘米厚的泥浆，暗蜂累得筋疲力尽，才在蜂巢上咬出一个洞，把身体钻了进去。

暗蜂进入高墙石蜂的蜂巢以后，在食物的表面产好卵，然后还不忘记在离开前，把自己啃咬出的那条通道堵死——可恶的破坏者为了自己的孩子，这时又变成了勤劳的泥瓦工，一趟趟地忙碌着，甚至连修葺屋子的材料都经过了严格挑选，毫不马虎。

寄生过程如此辛苦，那么形成这种生活习性的“偷懒说”显然不成立。因此又有人做出了另一种假设：会不会是某一次，一位昆虫母亲偶然轻松地在别人家完成了产卵任务，它发现这么做又方便又有利于后代成长，实在太棒了！于是这种极端深刻的印象，导致不断繁衍的后代继承了这一做法，最终演变成了寄生虫。

这个说法能站住脚吗？我们一起来看看。过去，我曾经做过让石蜂寻找回家路的实验。在实验中，我发现如果石蜂离开的时间较长，很可能回来后自己的家已经被邻居占用了。此时石蜂不吵不闹，直接在附近再找个合适的蜂巢，啃开盖子，如果里面已经有卵了，它就毫不留情地将其毁掉，然后自顾自在里面储食、产卵，全然一副“以其人之道还治其人之身”的做法。而受害者即使看到了破坏行为，也无动于衷，压根儿不会过来干涉。

照“偶然论”的说法，石蜂经过这一次掠夺行为，应该充满了报复的快感，接下来它还会继续这么做吗？回答是否定的，一次报复就完全平息了石蜂的怒火。它接下来恢复了正常，和左邻右舍一起，按部就班地开始筑巢、储食了。

这次因报复而起的“寄生”行动顺利极了，按照进化论的说法，一种未来的寄生昆虫应该就要由此产生了吧？事实并不是这样。或许这个过程需要几百年才能完成？但那太长了，我很怀疑到底会不会有那一天。

关于寄生这个问题，还可以写几卷书来进行讨论，但我还是到此为止吧。未知的问题很多，但终究会解决，只要坚持追根溯源的态度，我们一定会获得正确的答案。

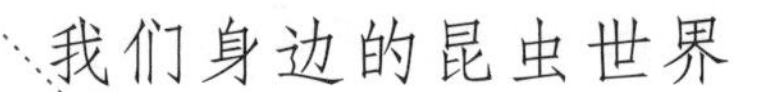

夏蝉三重奏

金杏宝

A 寻觅与欣赏

夏日的午后，在河岸边柳树的浓荫下，蝉鸣阵阵，此起彼伏。随着一声领唱，顿时四面炸响，震耳欲聋。这声嘶力竭的“Zha——”声，似乎在向路人喊叫着“热啊，热啊”。在一阵阵高频鼓噪的间隙中，还有另一种清幽委婉的和声，“Sha——a，Sha——a”，约十秒钟停顿一下，好像陶醉于这炎热的气候，“爽——啊，爽——啊”。在这“热——爽——”的二重奏中，仔细去听，有时会有另一个清脆激越的声部插进来：“Bu——Zhi——Ya——Bu——Zhi——Ya——”好像在叫：“不知——呀——不知——呀——”

这声音来自于上海乃至华东地区最常见的三种蝉，依次是：通体黑色的黑蚱蝉，个头最大；体色带灰棕花斑迷彩服的蟪蛄，个头较小；体色浅绿的蒙古寒蝉，个头中等。如果我们仔细观察，还能在粗糙的柳树躯干上发现它们蜕下的外套：大号的黑蚱蝉，小号的蟪蛄以及中号的蒙古寒蝉。如果我们将观察到的蝉、蝉蜕和蝉鸣摄录下来，再通过网络去搜索，就可以认识这些夏日里我们最常见的邻居了。

你们一定还想认识一下可爱的萤火虫吧。从初夏开始，在郊外或乡村的夜晚，找一些有水源的、路人不易走近的、四周没有耀眼灯火的地方，如僻静的溪流边，池塘、稻田旁的幽暗处，或潮湿的草丛中，在那里，你可以观察到在黑暗中轻舞飞扬，一闪一闪发着光的小小萤火虫。

B 观察与发现

在自然博物馆或昆虫博物馆里，除了认识和了解各种各样的昆虫，你还可以注意观察一下蜜蜂、胡蜂和马蜂的蜂巢，它们筑巢的材质略有不同，蜜蜂用的是蜂蜡，胡蜂和马蜂用的是植物纤维加上蜂的唾液，但蜂巢的形状基本相同，都是正六边形的。去郊游时，只要注意观察，也不难发现各种精致的六边形蜂巢。想一想，蜂巢为什么都是六边形的呢？

C 实验与探索

把 20 支以上的香烟，或其他类似的有弹性的圆柱体，如塑料吸管，或海绵圆球，用布带捆绑，再均匀地用力挤压后会出现什么结果？这些圆柱体或圆球都被挤压成一个个边与边相互密合、不留任何空隙的六边形了！

原来，六边形是自然创造的最有效的形式，是一种以最少的材料形成最大

的空间，并且具有高度稳定性的结构。在六边形的蜂巢里，可容纳圆柱体的幼虫渐渐长大而不显拥挤，且保持最大的强度，不易被外力损坏。这种高效的蜂窝状结构还被广泛地应用在现代通信和航天器中。移动通信系统用的蜂窝式传播方式，便能容纳尽可能多的用户数量。航天飞机、人造卫星、宇宙飞船在内部大量采用蜂窝结构，卫星的外壳也几乎全部是蜂窝结构。它们不仅能节省大量昂贵的材料，重要的是它们拥有最大的承载空间，且能经得起强大的摩擦力与冲击力。

请你思考一下，自然界中还有哪些物质具有六边形结构？

参考文献：

1. 赵梅君，李利珍．多彩的昆虫世界．上海：上海科学普及出版社，2005 年．

2. 晓丛．柳树夏蝉三重奏．自然与科技，2010，（9、10）：62-63.